城市碧水保卫战顶层设计与实施效果评估——以天津为例

温娟　宋兵魁　尹立峰　刘华　等　编著

天津大学出版社
TIANJIN UNIVERSITY PRESS

图书在版编目（CIP）数据

城市碧水保卫战顶层设计与实施效果评估 ： 以天津
为例 / 温娟等编著. -- 天津 ： 天津大学出版社，2024.
9. -- ISBN 978-7-5618-7820-0

Ⅰ. X321.221

中国国家版本馆CIP数据核字第2024CM9241号

Chengshi Bishui Baoweizhan Dingceng Sheji Yu Shishi Xiaoguo Pinggu:
—Yi Tianjin Wei Li

出版发行	天津大学出版社	
地　　址	天津市卫津路92号天津大学内（邮编：300072）	
电　　话	发行部：022-27403647	
网　　址	www.tjupress.com.cn	
印　　刷	北京虎彩文化传播有限公司	
经　　销	全国各地新华书店	
开　　本	787mm×1092mm　1/16	
印　　张	12.25	
字　　数	290千	
版　　次	2024年9月第1版	
印　　次	2024年9月第1次	
定　　价	58.00元	

本书编委会

主　　编

温　娟　宋兵魁　尹立峰　刘　华

副 主 编

赵翌晨　宋文华　李　莉　王玉蕊　张征云　陈启华

付一菲

参编人员

王子林　张　彦　张　墨　郭　健　邹　迪　邢国政

冯真真　孙　蕊　张　维　廖光龙　罗　航　付绪金

闫　平　荆建刚　杨占昆　李红柳　张彦敏　丁菊花

王荫荫　孙艳青　王梦楠　闫　佩　王　兴　李怀明

常高峰　张雷波　李敏姣　张亦楠　杨远熙　王俊辉

陈锡剑　王　岱　罗彦鹤　赵晶磊　谷　峰　杨崙鈜

董芳青　李　燃　段云霞　郭洋琳　郭洪鹏　乔　阳

唐丽丽　邢志杰　瞿　龙　邱　强　赵　阳

目　　录

第一篇　概况

第二篇　天津市碧水保卫战顶层设计研究

第三篇　天津市水污染防治任务实施绩效评估

第一篇　概况

第一章 总 论

1.1 碧水保卫战的含义

水是生命之源、生产之要、生态之基。水环境保护事关人民群众切身利益,事关全面建成小康社会,事关实现中华民族伟大复兴中国梦。水污染防治是解决老百姓身边突出环境问题、提高人民群众美好生活获得感的重要途径。然而多年来,我国面临水资源短缺和水环境污染严重的双重挑战。原环境保护部发布的《2016 中国环境状况公报》指出:全国地表水 1 940 个评价、考核、排名断面中,Ⅰ类、Ⅱ类、Ⅲ类水质断面分别占 2.4%、37.5% 和 27.9%;6 124 个地下水水质监测点中,水质为优良级、良好级、较好级的监测点分别占 10.1%、25.4% 和 4.4%。水生态环境问题正在成为建设美丽中国的制约因素之一。

党的十八大以来,以习近平同志为核心的党中央高度重视水污染防治工作,我国的生态文明建设和生态环境保护进入了一个新的历史阶段。2015 年 4 月,国务院印发的《水污染防治行动计划》(简称"水十条")指出,"当前,我国一些地区水环境质量差、水生态受损重、环境隐患多等问题十分突出,影响和损害群众健康,不利于经济社会持续发展。为切实加大水污染防治力度,保障国家水安全,制定本行动计划。""水十条"实施后,中国在污水处理、工业废水、全面控制污染物排放等多方面进行强力监管并启动了严格问责制,"铁腕治污"进入了新常态。中国饮用水水源地环境保护工作也取得了积极进展,但一些地区饮用水水源地的环境安全问题依然突出。

2017 年 12 月,中央经济工作会议确定了要重点抓好决胜全面建成小康社会的防范化解重大风险、精准脱贫、污染防治三大攻坚战。为贯彻落实党的十九大精神、坚决打好水污染防治攻坚战,2018 年 2 月 23 日,原环境保护部部长李干杰主持召开常务会议,审议并原则通过《全国集中式饮用水水源地环境保护专项行动方案》和《2018 年黑臭水体整治和城镇、园区污水处理设施建设专项行动方案》。会议指出,做好县级及以上城市集中式饮用水水源保护区的划定、立标和保护区内环境违法问题的整治工作,对长江经济带地级及以上城市饮用水水源地整治情况开展"回头看",切实杜绝问题死灰复燃。会议强调,要坚持严格督查、实事求是的工作原则,对发现的问题分类处理,明确黑臭水体整治效果评价和验收标准,督促地方加快补齐城市和园区环境基础设施建设短板,从根本上解决黑臭水体问题。

习近平总书记多次强调要大力增强水忧患意识、水危机意识,重视解决好水安全问题,还老百姓清水绿岸、鱼翔浅底的景象。2018 年 4 月 2 日,中央财经委员会第一次会议细化了打好作为决胜全面建成小康社会的三大攻坚战之一的污染防治攻坚战的举措。2018 年 5 月 18 日,全国生态环境保护大会强调坚决打好污染防治攻坚战。2018 年 6 月 24 日,中共中央、国务院公布了《关于全面加强生态环境保护 坚决打好污染防治攻坚战的意见》,明确了打好污染防治攻坚战的时间表、路线图、任务书,提出坚决打赢蓝天保卫战、着力打好碧水保卫战、扎实推进净土保卫战。其中,"着力打好碧水保卫战"具体指出:深入实施水污染防治行动计划,扎实推进河长制湖长制,坚持污染减排和生态扩容两手发力,加快工业、农业、生活污染源和水生态系统整治,保障饮用水安全,消除城市黑臭水体,减少污染严重水体和不达标水体。2019年12月召开的中央经济工作会议充分肯定了我国在生态环境质量改善方面取得的成绩,并对贯彻新发展理念、打好污染防治攻坚战做出新的部署和安排,坚持方向不变、力度不减,突出精准治污、科学治污、依法治污,推动生态环境质量持续好转。"民生为上、治水为要"。碧水保卫战既要打好还要打赢,使水污染物排放总量大幅减少,水生态环境质量总体改善。

1.2　研究概况

"水十条"与《关于全面加强生态环境保护　坚决打好污染防治攻坚战的意见》对水污染防治工作提出了一系列重要要求,其中明确:到2020年,天津市生态环境质量总体改善,全面消除劣Ⅴ类入海断面。为落实上述文件要求,作者团队开展了天津市碧水保卫战顶层设计研究,为实现城市污染控制与水环境改善协调发展提供技术支持。

基于天津市水环境现状,结合天津市水质目标和经济社会发展形势,通过模型模拟,对天津市水资源情况、水污染源分布及排放情况、减排措施效果情况进行全面测算,顶层设计天津市水质改善重点任务及措施。作者团队设计的天津市"十三五"水污染防治重点任务全部被纳入"天津市打好碧水保卫战、城市黑臭水体治理攻坚战、水源地保护攻坚战三年作战计划""天津市入海河流污染治理'一河一策'工作方案"。这些文件先后经各级政府管理部门印发实施,指导天津市"十三五"时期水污染防治工作。

同时,作者团队对"十三五"以来天津市水环境质量改善目标完成情况开展全生命周期评估,全面分析法律、科技、经济、行政、典型工程等各方面措施的环境绩效。这对全市水生态环境质量提升具有积极的社会效益。截至2019年底,天津市12条入海河流全部实现了消劣。在国家考核断面中,优良水体比例达到50%,劣Ⅴ类水体比例降至5%,达到了地表水环境质量最好水平。

2016—2019年天津市"十三五"水污染防治任务评估结果被天津市人大常委会城乡建设环境保护办公室采纳,纳入市人大水污染防治"一法一条例"执法检查报告后,反馈到市政府相关部门,作为下一步工作完善的参考依据。作者团队提出的关于天津市"十三五"水污染防治任务的持续改进对策建议,应用于2020年天津市打好污染防治攻坚战(碧水保卫战)工作计划,并印发实施,为进一步提升改善天津市生态环境质量奠定了基础。

第二章　国内外水污染防治经验

2.1　国外经验

随着工业进步和社会发展,不少经济发达国家都经历了漫长的水污染治理过程,其水污染防治的内容和形式已经发生了重大变化,同时也积累了许多宝贵经验,对我国的水污染防治具有借鉴意义。

2.1.1　加强管理

2.1.1.1　设立行政管理机构

很多国家建立了国家(联邦)级和区域(流域)级的二级机构。前者负责全国范围内的水污染控制和管理协调工作,确定总的管理目标和原则。苏联水资源的利用与保护是在国家控制下,由"开发与水源管理部""水文气象与自然环境保护国家委员会""卫生部""渔业部"等来执行、落实措施。区域级管理机构包括地方、地区及流域的管理机构,主要负责在国家政策总体系中制定目标和落实行动。

其中,建立符合流域特性的水污染治理机构,采取有效的流域与区域相结合的水环境管理方法,是许多国家经过实践探索出的一条很重要的成功管理途径。根据水资源具有的流域性和易污染性特点,多数国家成立了形式不同的流域管理机构,从入河污染物总量控制、产权管理、市场管理、价格管理等角度探索解决流域水环境问题的有效模式。例如,美国、澳大利亚、英国、法国、新西兰、德国、加拿大和日本等先后开展了流域和区域相结合的水环境管理。美国国会于 1933 年通过了《田纳西河流域管理局法案》,成立了田纳西河流域管理局,对田纳西河流域进行综合开发治理。法国于 1964 年建立了以流域为单位解决水环境问题的管理机制,以期在保护水环境的前提下,实现流域水资源的高效开发和利用。

2.1.1.2　构建水污染控制法制体系

立法是防止、控制并消除水污染、保障水的合理利用的有力措施,国外对水污染的治理都以完备的法律、法规为基础。英、美、日、德等国家在 20 世纪四五十年代制定了区域性的、分散的或联邦的水污染控制法,到 20 世纪 70 年代形成了全国统一的水污染控制法,主要目的是严格控制各种污染源向水体排放,防止河湖水质被污染。

在美国,联邦政府控制水污染的历史可以追溯到 1899 年颁布的《河流与港口法》,其又称《垃圾法》,旨在防止企业向航运河道倾倒排放废物。基于水污染态势日趋严重和控制地表水污染的考量,美国国会于 1948 年着手制定并颁布实施了处理常规水污染的第一个联邦立法《水污染控制法》,后经对其不断完善与修订,最终形成了至今依然发挥重要作用的《清洁水法》。该法严格控制地表水污染,努力通过污染控制技术对不同类型的点源污染源排放进行限制,对面源污染、填埋物、油类物质与危险物质泄漏事故等方面的控制也做出了明确规定。此后,为了禁止在海上倾倒放射性有害物质等和保护沿海地区的生态系统,美国又陆续制定并颁布实施了《海洋倾倒法》和《海岸带管理法》等一系列具有专门性与综合性的法律规章制度。这些法规的颁发执行对推动水环境的保护工作起重大作用。美国在实践中已逐步建立起一套健全的法制,涵盖范围全面、目标任务明确具体,且上下形成一个整体的法规体系。

欧洲共同体在 1970 年就开始通过立法保护河川水源并制定了严格的水质标准。到 1990 年,欧洲通过了两项立法,即《严格规范市区及郊区废水处理》和《严格规范农业硝酸钠使用》,并制定了严格的制度治理河川污染,保护地面水、地下水及河水、海水等所有水源。欧盟 1993 年正式成立后,依据污染综合防治指令(International Plant Protection Convention,IPPC)和水政策行动框架指令,制定了诸多环境指令,如饮用水水质指令、城镇污水处理指令、危险物质指令等涉及污染物排放的规定。此后,欧盟根据 IPPC 指令建立起涉及若干污染行业一体化的工业污染防治系统,以防止或减少企业向水体排放污染物。欧盟还推广最佳可行技术(Best Available Techniques,BAT)等认可制度,要求成员国对特定工业(能源工业、化学工业等)和特定污染物(有机卤化物、生物累积性有机毒物、氰化物、金属、砷等)制定排放限值。2000 年,欧盟制定了共同体水政策行动框架(Water Framework Directive,WFD),简称水框架指令,将环境质量管理和排放管理结合起来进行污染预防和控制,建立了水环境质量标准和排放标准体系。

英国 1989 年颁布的《水法》将地方水务局转制为供排水公司,令其负责地区供排水业务,授权国家河流管理局进行环境监管;1991 年颁布的《水工业法》重新确定了供排水公司的权力和职责,《水资源法》规定了水质的分类和目标,《土地排水法》将地方当局内部的排水权转移至国家河流管理局;1995 年颁布的《环境法》规定由国家环境署发放排污许可证,实行污水排放和河流水质控制。

为了保障水环境的可持续发展,日本很早就建立了较为完善的且具有较强规划性与层次性的水环境污染防治立法体系。19 世纪的《河川法》是日本水法体系中最基本的法律,以流域为单元对河流的入河排污口进行综合管理,解决了跨行政区域的流域水污染防治与治理的难题,流域水污染防治与治理不受行政辖区界限的限制。20 世纪 50 年代日本制定了《工业用水法》《上水道法》《下水道法》《特定多功能水库法》;20 世纪 60 年代制定了《水资源开发促进法》;1967 年专门制定了《公害对策基本法》,确定了水质环境标准;而后《水污染防治法》《湖泊水质保护特别措施法》《关于有明海及八代海再生的特别措施法》《濑户内海环境保护特别措施》《环境基本法》等法律的相继出台,形成了日本水污染防治立法的有机体系。

2.1.1.3　制定全面的治理规划

20 世纪 70 年代以来,国外水污染防治的显著特点是:从局部治理发展到区域治理;从单项治理发展到综合防治,即对区域规划、资源利用、能源改造、有害物质的净化处理及自然净化等多种因素进行综合考虑,在整体上形成最优方案,避免了局部和单项治理的局限性,并在经济上取得了最大的优越性。

2.1.1.4 充分发挥经济杠杆的作用

传统的水污染治理方案通常通过发布法规、行政规定或通过调整错综复杂的政府结构等方式制定,但在这种系统下,政府必须分配大量资源,造成这种管理方式的成本较高。为此,水污染治理的市场机制在西方国家悄然兴起。经济手段又可分为基于数量的经济手段和基于价格的经济手段。基于数量的经济手段主要指排污权交易、建立控污银行等手段;基于价格的经济手段则包括排污费(税)、资源税、产品税、补贴、保证金(押金)、使用者付费或成本分摊、污染赔偿及罚款等手段。

(1)收取污水处理费。在美国,污水处理要收费,收费标准因地而异,一般的收费标准与污水排放量、污染物的性质和浓度及排放者的分类(工业、商业、居民等)有关。各种市政污水处理厂都归当地政府所有,并由当地政府向排污者收取费用。同时,当地政府又经过招标,将污水处理厂承包给最有竞争力的私人公司经营。由于在污水处理中引入了市场机制,使得政府既能节约污水处理成本,又能不断提高本地区的污水处理率。

(2)有效利用水价。澳大利亚充分利用水价以促进供水业的良性循环,提高水资源的利用效率,污水处理和水资源许可等费用都计入水价。澳大利亚推行两部制水价,并对用水量超过基本定额的用水户进行处罚。同时,澳大利亚开放水权交易,发挥市场在水资源管理、节约、保护中的配置作用;通过应用水价等经济手段遏制工业用水持续增长的趋势。这对控制工业废水的排放及水环境的保护都具有重要意义。

(3)排污权交易。排污权交易是在满足水环境要求的条件下,建立合法的污染物排放权,即排污权(这种权利通常以排污许可证的形式表现出来),并允许这种权利像商品一样被买入和卖出,以此来控制污染物的排放。美国迄今已有点源污染(简称点源)与点源交易、点源与非点源污染(简称非点源)交易和厂内排污口交易。点源与点源交易是指在排污口之间进行的排污许可交易,即允许某个排污者将部分分配的污染负荷转让给其他排污者(这些排污者往往难以用比较经济的手段达到污染物排放量的削减要求)。点源与非点源交易是指某个点源排污者可通过投资控制流域内其他地区的非点源污染负荷以换取自身的污染排放许可,这使得不同系统之间的排污负荷得以顺利交易。这是因为非点源控制的投资比工业点源和城市污水处理厂的投资低,且见效容易得多。涉及非点源的交易内容以营养物为主,点源与非点源的交易对象有磷、BOD_5(5日化学需氧量)等。厂内排污口交易是在同一个厂矿企业的多个废水排放口之间调剂污染物的排放量,这种交易通常都涉及一种以上的污染物。流域排污权交易政策给美国带来了巨大的经济效益并产生了明显的环保效果,节约了大量污染控制费用。

澳大利亚主要实施以下几种排污交易政策:一是在汉特河流域建立的盐度交易试行计划,涉及煤矿和大型电站,该计划在流域总含盐量的控制范围内,明确规定了各企业可向河流排放的盐量,并且各公司之间可以自由买卖盐度排放指标;二是在霍克斯伯里 - 内皮恩流域建立的磷排污权交易计划,该流域的磷污染主要来自生活污水排放,根据政府制定的河流总含磷量标准,该流域的磷排污权可在悉尼3个污水处理厂之间进行交易,以求通过排污交易来降低河流中的磷含量。澳大利亚的新南威尔士、维克多及南澳州加入了由墨累—达令河流域委员会执行的墨累—达令河流域盐化和排水战略,各企业在对进入流域系统的污染物进行管理或对改善整个流域的管理工程进行投资时,可产生"盐信用",而这些"盐信用"可以在各州间进行转让。

利用市场融资建设污水处理设施是西方发达国家的普遍做法。这些融资方式包括BOT(建设－运营－移交)、TOT(移交－经营－移交)、BOOT(建设－拥有－运营－移交)、BT(建设－移交)等。市场融资极大地加快了污水处理设施的建设速度,提高了污水的处理率,同时也减轻了政府在基础设施建设上的财政压力。

2.1.1.5　注重公众参与

由于水资源管理与水污染防治的广泛性和社会性,许多国家都相当重视民主协商和公众参与。美国《水污染控制法》确定了公众参与机制,并将其作为流域管理的关键因素。流域管理参加者往往由专属流域机构、流域区内政府、流域区内拥有土地的集体和居民及其他代表组成。在制定流域开发规划和确定工程项目时,发达国家日益重视"智囊团"的作用,以使工程建立在科学基础上。如澳大利亚墨累—达令河流域委员会建立了20多个特别工作组,聘请来自政府部门、大学、私营企业及社区组织的关于自然资源管理、研究的专家,以便将最先进的技术方法和经验运用到流域管理中去。

2.1.2　保护措施

2.1.2.1　调整产业结构,发展循环经济

从美、德、法、日等发达国家的发展实践来看,自20世纪50年代初到80年代初,这些国家先后完成了工业化过程,各国产业结构变迁基本上都经历了农业占比持续下降、工业占比有所上升而后趋于下降、服务业占比逐步上升的发展过程。这一时期,工业生产的增长和经济社会的发展造成了严重的水环境污染,经济社会发展和环境保护之间的激烈矛盾对产业结构调整提出了迫切要求。实践证明,三产比例调整、工业结构内部调整及产业技术提升,特别是劳动密集型产业的占比减少和技术提升,以及第三产业技术提升对水环境质量的改善作用显著。

自从20世纪90年代确立可持续发展战略以来,西方发达国家已把发展循环经济、建立循环型社会看作是实施可持续发展战略的重要途径和实现方式,有些国家甚至以立法的方式加以推进。德国1996年就颁布实施了《循环经济与废弃物管理法》,该法规定处理污染物的优先顺序是"避免产生—循环使用—最终处置",从源头减少污染物的产生量。日本于2000年召开了"环保国会",通过和修订了多项环保法规,对不同行业的废弃物处理和资源再生利用做了具体规定,并在2001年4月之前相继付诸实施。

循环经济是一种以资源的高效利用和循环利用为核心,以"减量化、再利用、资源化"为原则,以低消耗、低排放、高效率为基本特征,符合可持续发展理念的经济增长模式,是对"大量生产、大量消费、大量废弃"的传统经济增长模式的根本变革。在微观层面上,循环经济要求企业降低能耗,提高资源利用效率,实现减量化;对生产过程中产生的废弃物进行综

合利用,并延伸到废旧物资回收和再生利用上;根据资源条件和产业布局,延长和拓宽生产链条,促进产业间的共生耦合。在宏观层面上,循环经济要求对产业结构和布局进行调整,将循环经济理念贯穿于经济社会发展的各领域、各环节,建立和完善全社会的资源循环利用体系。在水污染治理上,循环经济要求产品的生产尽可能少用水,尽可能重复用水,以减少污水的排放量,直至实现污水的零排放。

2.1.2.2　实施排污许可制度

排污许可制度是各国水污染防治普遍采用的一项法律制度,对于水污染的有效控制和水环境质量的改善起到了重要的作用。水污染物排放许可制度在美国水污染防治法律中地位显著,是美国水污染防治法的核心,对美国水环境的保护与改善发挥了显著的作用。美国1970年制定了废物排放许可证计划(Refuse Act Permit Program, RAPP);1977年以名为《清洁水法》的修正案对1972年制定的《联邦水污染控制法》再次修订,制定了控制美国污水排放的基本法规;20世纪60—70年代推行“国家污染物排放削减计划(National Pollutant Discharge Elimination System, NPDES)”基本控制了工业和市政产生的点源污染。随后,美国发现非点源污染是导致河流、湖泊、河口地区、湿地、地下水污染的主要原因,因此推广“最大日负荷总量计划(Total Maximum Daily Loads, TMDL)”,在多条河流及湖泊实施。且随着时代的发展, NPDES在实际应用中也不断出现新变化,顺应了社会经济的发展。美国NPDES许可证分为一般许可证和个别许可证两种形式,根据排污设施的排放性质和类型、排放水体的水质要求等因素进行颁发。一般许可证主要颁发给具有某种共同性质的特定排污点源设施;而对不具有共同性质的排污者,颁发个别许可证,对其使用特殊的条款和要求。

2.1.2.3　建设污水处理厂

近20年来,不少国家用于整顿下水道和建设城市污水处理厂的费用成倍增加,提高了下水道普及率,扩大了污水处理范围,城市污水处理厂的建设方向是向区域化、大型化发展。

日本在1976年就建立了29个完整的区域废水处理系统。德国境内莱茵河沿岸兴建了大量污水处理净化设施,特别是在鲁尔河段建设了许多水利工程与污水处理厂。自20世纪60年代,德国在莱茵河沿岸城市和工矿企业陆续修建了100多个污水处理厂, 60%以上排入莱茵河的工业废水和生活污水得到了处理,每个支流入口都建有污水厂,各工矿企业也都设有污水预处理装置。自1961年,瑞士、法国和德国政府就着手通过国际合作在巴塞尔地区建立了3座污水处理厂,分别用来处理排入莱茵河的工业废水和生活污水。

英国在泰晤士河治理过程中,将泰晤士河流域修建的190多个小型污水处理厂合并成15个较大的污水处理厂,并进行了大规模的改建、扩建、重建,最大规模达到每日100万立方米处理量。1953—1974年间,仅污水处理工程就投资了5 000万英镑。

美国在解决芝加哥河流域污染问题时,通过建造3座可以进行二级处理的大型污水处理厂来恢复芝加哥河的水质。在污水处理方面, 1970年以前,美国的废水一般只进行一级处理, 20世纪70年代初《清洁水法》发布以后,大规模污水处理厂开始建设,城市生活污水至少需要经过二级处理,有些敏感区域还要求进行三级处理,经过三级处理的废水可以达到饮用水的水质标准,大都进行回收利用。

2.1.2.4　制定合理的农业面源污染控制策略

在农业面源污染控制方面,欧洲的一些国家先后采取税收手段试图控制化肥的使用量,如挪威的化肥税、丹麦的氮税等,但它们对环境质量的改善作用不明显,且对农民收入和农业发展造成了较大的负面影响。

美国主要使用基于自愿和奖励的最佳管理措施(BMPs)控制农业面源污染。BMPs可以分为工程措施和非工程(管理)措施。工程措施主要为增加湿地或植被缓冲区,降低污水地表径流速度,以拦截、降解、沉降污染物。非工程(管理)措施采用规划、农户教育、奖励等形式,促使农民自觉使用廉价的环境友好技术。BMPs具体分成4类:一是减少粪便中的磷含量,例如对牲畜精细喂养;二是改变水文状态,例如改造排水管、排水渠;三是改变土地使用功能,例如将临近水域的土地变为河岸缓冲带;四是重新分配农村土地上的磷,如分散牲畜粪便。BMPs具有较大的灵活性,也不会对本国的农业发展造成负面影响。

日本主要通过立法和技术措施控制农业面源污染。在立法方面,其先后出台了《可持续农业法》《家畜排泄物法》《肥料管理法(修订)》等法律法规,对农业生产方式、畜禽养殖业基础设施、肥料使用等都做了明确规定。日本对危害农业环境的行为处以严厉的处罚,有些甚至提升到刑罚的高度,并规定了具体的执行标准。在技术措施方面,主要包括降低农场外部化肥、农药等的投放来保护环境,防止土地盐碱化,保持并逐步提高土地肥力;同时,利用现代生物技术培育适用于水地、盐碱地、荒漠和生态敏感区耕作的农作物品种,扩大耕地面积,弥补耕地不足。

2.1.2.5　建立饮用水安全保障体系

很多国家一般运用法律手段保障饮用水水源,如美国的《安全饮用水法》和《清洁水法》、欧盟的《饮用水水源地地表水指令》和《欧盟水框架指令》、俄罗斯的《分散式饮用水卫生标准》等。

美国于《2006—2011年环境保护战略规划》战略目标之二"清洁安全的水"中,设立了保障用水安全、保护水质和加强科学研究三大目标。其中,保障用水安全包括饮用水安全、鱼类和贝类食用安全、游泳安全3个子目标,从战略高度明确了保障饮用水安全的重要性。在确保饮用水安全方面其采取的主要对策为:制定和实施饮用水标准,配套建设相关设施,保护好饮用水水源,加强供水系统的安全管理等。

在饮用水水质标准方面,目前国际上具有权威性、代表性的饮用水水质标准主要有3部:世界卫生组织(WHO)发布的《饮用水水质准则》、欧盟发布的《饮用水水质指令》和美国环保局(USEPA)发布的《国家饮用水水质标准》,其他国家和地区多以这3个标准为基础或重要参考来制定本国饮用水标准。

目前饮用水的主要关注指标是微生物指标(细菌、病毒、原生动物或其他生物来源)。世界卫生组织制定的《饮用水水质准则》(第3版)中也明确提出无论在发展中国家还是发达国家,饮用水有关的安全问题大多来自微生物,并将微生物问题列为首位,同时越来越重视消毒剂及其副产物对人体健康的影响。在饮用水处理上,消毒剂对多种病原体尤其是细菌的作用显著,但是越来越多的研究表明,加氯消毒会使饮用水产生有机卤化物,从而威胁人体的健康。

2.1.2.6 重视有机毒物控制

发达国家对有机毒物的控制途径主要有:①推行清洁生产,实现减废、减毒;②生产末端进行废水处理,减少有机毒物排放;③点源控制与生态风险管理,包括化学品生产控制和风险管理、现有污染点源控制与生态风险管理等。

美国 NPDES 许可证制度,要求在确定排污许可证中的特征污染物排放许可限值的同时,采用全废水生态毒性试验手段,禁止排放致毒量的有毒污染物。全废水生态毒性试验已成为工业废水和城镇综合污水排放到淡水和海洋环境过程中的控制和监测程序,是实施生态风险管理必不可少的组成部分。

加拿大采用全废水生态毒性法来控制工业废水的排放和实施生态风险管理已有相当长的时间,特别是在控制纸浆和造纸废水排放和跟踪毒性监测方面。

英国于 1996 年引入全废水生态毒性法以控制组分复杂的废水的排放和实施生态风险管理。英国环境署将水生生物毒性试验所获得的无可见效应浓度作为废水排入水环境后的预测无效应浓度,与运用计算机模型计算得出的预测环境浓度相比较,本方法可以确定该废水生态毒性排放限值,并确定是否对此种废水实施生态毒性削减。英国已筛选出 12 种有毒废水作为优先控制废水,提出了以全废水生态毒性法控制废水排放和生态风险管理的技术路线。

欧洲其他国家如法国、德国、意大利和瑞典也已采用全废水生态毒性法控制工业废水和城市综合污水的排放。

2.1.2.7 合理利用水体自净能力

不少国家通过建水库、修贮水湖来增加流域的枯水流量。治理污染河流的有效措施如下。

(1)引水冲污。引水稀释一般用来解决局部污染问题,根治污染的河流还应采取综合治理措施,如美国芝加哥市曾花了 33 年的时间,建造了 3 条总长为 113 千米的人工运河,把密歇根湖的水倒引入芝加哥河,增加了芝加哥河的径流量,从而改善了水质。

(2)人工增氧。国外通常在污染较严重的江口、河段安装增氧设备,设备于枯水期开动运转,向河中人工增氧,辅助河段恢复自净能力。英国的泰晤士河、美国的福克斯河、瑞典的一些湖泊和日本大阪、东京等一些城市的河段都增设了增氧设备,增加河中的溶解氧,使鱼类有了生存和洄游的条件。

(3)疏浚河道。河流底泥中的污染物会重返水中,再次污染河水,在莫斯科、大阪等城市的河段中,用挖泥船及其他机械清除底泥,对改善河道水质起了一定的作用。

(4)植物净化水质。日本特别重视水生态系统的可持续发展和水污染的生物治理。从20 世纪 90 年代中期开始,日本政府为实现经济发展与资源环境的良性循环,充分利用天然或人工湿地植物净化、水培植物净化、水生植物和滤材结合净化、生物浮床净化等技术,其水环境治理开始进入生物多样性恢复阶段,创造出适宜多种生物繁衍生息的良好生态环境和更加美好的生态空间,实现人与自然和谐共处,逐步在有限的区域内重建并恢复水生态系统。

2.1.2.8　加强水质水生态监测

　　水污染的治理措施是建立在水质、水量、水文状况等大量调查资料基础之上的。俄罗斯的莫斯科河建立了水质自动管理系统。美国据监测结果,完成了全国水系污染程度图并以此来控制水质的污染。

　　20世纪70年代,美国开始着重对水体污染状况、藻类、大型底栖生物、鱼类的生活环境、物理参数、急性毒性、慢性毒性、多种细菌、原生生物等进行评估监测与调查分析。在历经长时间的发展后,美国形成了一套以生物种群、毒性试验、微生物测试为核心技术指标且行之有效的水环境生物监测技术体系,可以更好地了解与跟踪水环境受污染的程度和明确水环境质量控制的目标。

2.1.3　典型流域案例

2.1.3.1　莱茵河的治理

　　莱茵河是欧洲最长的河流之一,自南向北流经瑞士、奥地利、德国、法国和荷兰等9国,是沿途国家的饮用水水源。在20世纪工业化发展热潮中,莱茵河周边兴建起密集的工业区,尤以化工和冶金行业为主,河上航运也迅速发展。自20世纪50年代起,莱茵河的水质开始变差,上游和中游的鱼类几乎绝迹;60年代以后水质急速恶化,大面积的沿流域洪泛平原被过度开发又加剧了莱茵河污染。为遏制莱茵河日趋严重的污染现象,德国、法国、荷兰等推出了"莱茵河行动计划"。该计划以预防、源头治理、污染付费与补偿、可持续发展、新技术应用与发展、污染不转移等为核心价值原则,旨在全面处理莱茵河流域的环境保护问题、莱茵河流域及其有关的地下水、水生和陆生生态系统、污染与防洪工程等,并为此成立了航运管理机构和莱茵河保护国家委员会。德国将境内的莱茵河水泥堤岸改为生态河堤,重新恢复了河流两岸的储水湿润带,进行了将河流回归自然的改造。通过长时间的持续努力,莱茵河的水环境恶化得到了有效的遏制,河水基本变清,水质也达到了国家标准,其水环境也从根本上得到有效改善。

　　作为跨国性河流的莱茵河的水环境保护走了一条与生态文明建设完全相悖的"先污染、后治理"的道路。莱茵河治理持续了近半个世纪的时间,才从传统的单一流域水管理转变为以生存质量可持续发展为目标的可持续综合管理,初步实现了基本的治理目标。

2.1.3.2　泰晤士河的治理

　　19世纪之前,作为英国的母亲河且横贯英国的泰晤士河,不仅河水清澈见底,而且整体水环境也达到了国际标准。但随着工业革命的兴起和迅猛发展,沿岸城市居民显著增加,造纸厂、肥皂厂、制革厂大量兴建,未经处理的工业废水和生活污水源源不断地排入河中,造成泰晤士河水质和水环境的急剧恶化。鉴于此,1964年英国政府开始对泰晤士河进行全面、系统的治理,即通过建立健全科学、系统、全面的法律法规体系,建构现代化的完整的城市污水处理系统,制定科学、严格的废水排放标准,严禁不达标的生活污水与工业废水的排放。目前,泰晤士河沿岸的生活污水要集中排到污水处理厂,经过沉淀、消毒等处理后才能排入泰晤士河。经过 20 多年的治理,泰晤士河的河水逐渐变清,水质明显改善,水生生物数量不断增加,成群的水鸟在河面上飞翔觅食,泰晤士河重新成为伦敦的一道风景线。

通过泰晤士河的治理经验可知,若要发挥城市河流的生态功能并造福人类社会,缓解或减轻河流污染的根本措施是严格控制城市生活污水直接排入河流。

2.1.3.3 琵琶湖富营养化防治

自 20 世纪 60 年代开始,作为日本第一大湖的琵琶湖的环境遭到严重污染与破坏,水质下降,赤潮、绿藻灾害时有发生,浅水区更是堆积了各种生活垃圾。琵琶湖的水质污染程度在 20 世纪 70 年代早期达到了高峰。琵琶湖水质的不断恶化引起了日本政府的高度重视,政府开始采取一系列治理措施来防止其继续恶化。滋贺县在 1980 年制定了《琵琶湖条例》,认定湖水污染与洗衣粉中的有机磷相关,开始限制使用合成洗衣粉;1984 年日本全国开始实施《保全湖泊水质特别措施法》,严格控制向琵琶湖排水。随着富营养化相关防治条例和措施的颁布与实施,到 1995 年,琵琶湖水质恶化的趋势基本得到遏制。近年来,琵琶湖的水体污染物指标均得到有效控制。同时,日本的滋贺县还实施了琵琶湖水质保护和综合开发计划,立足于保护琵琶湖和其周围的自然环境,恢复湖水水质。为保护琵琶湖的水质环境,滋贺县实行了比国家排放标准要求更高的排放标准。根据滋贺县治理琵琶湖的相关规定,可以发现其对所有生活污水的处理主要采取以下几种措施:城区污水由污水处理厂处理;农村社区污水由小型污水处理厂处理;没有经过以上措施处理的生活排放污水,则一家家地收集起来,集中专门处理。养殖业和水产业污染源的控制遵循《湖泊水质保护专门法》,其他农业污染源则通过清洁水运动方式来处理,以达到相关排放标准。

日本制定了一系列支持水污染防治的优惠政策,用经济手段来刺激水污染物排放总量的持续减少。滋贺县研究开发并积极推广琵琶湖入湖河流预处理技术,产生了良好的效果。日本推广农业用水经收集与集中处理后进湖的技术,其技术经济分析方法及运营管理经验值得借鉴。

2.1.4 典型国家案例

2.1.4.1 英国:科学规划、重点防治

2013 年,英国环境、食品和农村事务部依据《欧盟水框架指令》对其境内的水体质量进行检测。结果显示,英格兰和威尔士境内质量处于"良好"以上的水体仅占总体的 27%。

根据境内水体污染物来源的分布状况,英国政府从农业生产和城镇生活两个方面入手,解决水体污染问题,主要政策有以下 3 个方面。一是强化农民在农业生产中的水体保护意识,首先在英格兰地区启动"水域周边敏感地区农地管理项目",向农民普及农业生产造成水体污染的途径和危害。二是使用强制措施降低农业生产污染危害。依据欧盟有关指令,英国严格限制硝酸盐和磷化合物化肥使用的数量和时间,并对违反规定的农户处以重罚。三是提供指导和资金促使农户改变生产模式。英国政府设立了总额为 21 亿英镑的"环境监管项目",与农户签订协议,确立其在水体保护方面的责任和义务。通过这一系列激励措施,当时英格兰地区 70% 的农地在农业生产中采取了控制或避免水体污染的耕种模式。

在城镇生活方面,英国政府首先将英格兰地区划分为 66 个水体区域,每个区域实行地方政府、社区以及企业共同管理的方式,并注重发挥社区的作用。2012 年至 2015 年,英国累计投入 1 000 万英镑,联合地方政府、社区和关注公共水体保护的非政府组织,推动社区机构加强水污染领域的宣传工作,并支持居民区污水管道改造等工程,降低居民生活污水对公共水体的污染;与此同时,加强中央、地方政府和公路管理局之间的协作,提升水体保护在交通规划中的重要性;控制城镇生活垃圾对公共水体的污染,在与社区合作加强宣传的同时,主要通过重金处罚的方式予以控制。英国当前针对城市地区的河流、湖泊、海滨区域等公共水体建立了全面的监控体系,对向公共水体丢弃垃圾的个人最高处以 2 500 英镑的罚金。

2.1.4.2　韩国:总量管理、分类防治

韩国环境部针对不同的水质污染源类别制定了相应的防治办法。对于点源污染,韩国政府设立污水处理厂,并根据污水的具体情况,进行物理处理、化学处理和生物学处理。对于非点源污染的治理则相对复杂,首先为农民科普正确的施肥方法,即在农作物对肥料需求旺盛的时期集中施肥,其他时期少施肥,不过度施肥,以减少土壤中的富营养化物质;其次是在主要道路等污染源与水源地之间修复和加强自然生态系统,设置植被缓冲带,减少不透水层的面积等。

韩国政府从 2004 年开始实行的水质污染总量管理制是治理水污染比较行之有效的办法。水质污染总量管理制是指各地方政府针对管辖区段的河川科学地制定目标水质,以此推算出为实现和维持目标水质最大的水质污染物容量,并据此规定污染物排放总量的管理制度。韩国环保专家认为,污染总量管理制的实施具有 3 方面的重要意义:一是通过科学的水质管理,提高了环境治理的效率,使环保和经济发展的矛盾最小化,提高了治污的针对性和灵活性;二是规划细化到各级政府,细化到各排污源头,使各方责任明确,使政府和企业间、企业和企业间矛盾最小化,提高了管理的实效性;三是在制定规划时整合上下游区域的意见,避免了地域间的矛盾,增强了管理制度的可操作性。

2.1.4.3　德国:完善立法、研发技术

德国水资源管制和水体保护极大地受到欧盟法律性规范的影响。2000 年 12 月,欧盟开始实施《欧盟水框架指令》,并要求到 2015 年所有水体在数量状态和化学状态两方面达到良好状态。数量状态良好是指地下水汲取和恢复能实现平衡。据统计,2008 年德国已有 95% 的地下水域能实现数量状态良好。

2009 年,德国颁布联邦新《水法》,在水务上从原来的框架性立法权限升级为完整立法权限。新法在整体上承袭了原法规的大量内容,但不只是条文重新表述和结构重新编排,而是大量吸收了各州水法中的内容,同时将欧盟指令及时转化为成员国国内法,在德国历史中第一次实现了全国统一的、直接适用的水管理法。德国水体治理可以总结为:一个理念,即综合治理;两个标准,即环境质量标准和先进技术标准;三个立足点,即设施、水危害物质和特别保护区。

德国对废水处理执行相当高的标准。德国联邦能源与水经济联合会的资料显示,与欧

盟其他国家相比,德国的废水处理几乎 100% 执行欧盟最高标准。"水供给和处理的长期安全性、高饮用水质量、高废水处理标准、高客户满意度以及细心保护水源"的"五支柱"原则成为德国水务的行业标杆。

2.1.4.4　法国:软硬兼施、合理利用

法国政府非常注重对水资源的污染防治,同时积极实行多管齐下的水资源治理模式,主要依靠法律与城市设计维持日常用水的安全。

早在 1964 年,法国国民议会决议通过了《水法》与《水域分类、管理和污染控制法》。《水法》体现了四大原则:首先是综合治理原则,该原则将水资源与其他资源一并纳入生态系统保护环节内,使法国的环境保护体系保持完整性与系统性;其次是流域治理原则,《水法》规定,法国国内水资源以流域为单位进行综合治理,当经济活动涉及排污、资源开发等水资源管理事项时,经营者必须遵循流域管理委员会的意见,"谁的流域谁负责";第三是全民治理原则,除了法国政府及其下属的各级流域管理委员会,民众也应广泛参与到水资源治理的环节当中,民众有监督相关管理机构的义务,同时民众代表也应对水资源治理问题提出建议对策,使水资源保护与治理"大众化";最后是经济治理原则,这里的"经济治理"主要是指利用罚金来规范约束社会用水行为,旨在利用经济杠杆来保护法律的可实施性以及环境的可持续发展。在法国,向自然水域排放污水需受到严格的审核,同时还需向流域管理部的排污部门缴纳高昂的排污费,一旦超标便将收到经济罚单甚至法庭传票。另一方面,污水处理与水资源再利用产业则是被政府鼓励的,具体的鼓励措施便是向这些产业发放补贴。

法国之所以在水资源保护以及污染防治等方面能取得较高成就,除了依靠成熟的法律法规,完善的人工水循环系统也使整个社会尝到了合理利用水资源的甜头。法国的供水系统在设计之初便分为两套系统。以巴黎市为例,一套是流入居民家中水龙头的饮用水系统,另外一套是主要供城市清洁与绿化的非饮用水系统。据当地清洁工人称,这些用于清洁路面、调整城市空气湿度的水最终会流入下水渠,在进入污水处理中心物理过滤掉表层垃圾后,还要接受生物过滤,消除污水中的富营养化物质,在完成这个环节后,水质即可达标,并可根据需要决定是否再次使用,或排入自然水域内。凭借着市区长达 2 200 千米的地下污水管线,巴黎得以较为"奢侈"地合理利用水资源进行城市清洁。

2.1.4.5　瑞士:严格高效、普及净化

20 世纪中叶,瑞士水生态环境建设也曾走过弯路。工业的高速发展造成了严重的环境污染。当时,瑞士的湖水普遍受到来自工业和生活的废水污染,污水收集率仅为 20%,水环境持续恶化。严峻的形势使瑞士政府部门、私营企业和民间团体不得不共同商讨对策,并及时采取措施。

瑞士的治理经验表明,从某种程度上来说,解决水污染问题只有一个办法:将废水净化处理后再排入自然水域。过去几十年,瑞士投资数十亿瑞郎,建设了一项积极有效、遍及全国的污水净化工程。污水净化网遍布城市与村庄,数百个污水净化装置把下水道废水中的有害物质滤出。目前,瑞士民用水成本中,高达 2/3 是专门用来处理生活污水的。瑞士联邦环境局专家赛德勒尔说:"污水必须经过污水厂净化后才能排放出去。所以现在瑞士很多

地方都把河水、湖水作为饮用水水源,稍加处理便可直接饮用。"

瑞士水污染防治的一条重要措施就是让水循环重新自然化。在近百年中被引直或被开凿成运河的河流及小溪将被重新变回河床,恢复河流的原有面积。目前,让河流回归的自然工程已在瑞士各州全面展开。尽管费用高昂,但让河水重归自然有着非常重要的意义:保障生态平衡,预防洪水泛滥并加强水的自然净化能力。

以埃默河为例,由于人工改造,其河床左右是水泥砌成的河墙,河床变得笔直,从而使得河水从布格多夫市急速地流向其他地区。由于河床的宽度被水泥河墙所固定,河水无法向两岸扩展,造成河水流速快,力量大,不仅两岸所有的植被无法生存,而且放大了洪水的危害。拦水装置的不断增设对瑞士的主要鱼类——鳟鱼等的生存造成了致命影响。如今,治理后的埃默河南段已恢复了原来的河床模样。

经过近几十年严格、高效的水污染治理和水环境管理,瑞士的水生态环境建设取得了显著成效。今天,瑞士的城市工业污水和生活污水已经百分之百做到了经处理后再排放,瑞士的湖水甚至已经接近饮用水的标准。在瑞士,水泉、溪流、河流和湖泊是人们休养生息的理想场所。

2.1.4.6　芬兰:法律保障、多方监管

(1)完善的法律保障。1962年,芬兰第一部水资源保护法诞生。芬兰各级水资源管理和环保部门依据该法,重点对严重污染水源和空气的造纸、纸浆、化工等行业进行综合治理,规定相关企业必须限期建立污水和废液处理系统,逾期没有达标的企业将被处以巨额罚款、停产整顿甚至被关闭。这些措施使工业废水排放量得到有效控制,湖泊、河海和地下水的质量明显得到改善。1995年,芬兰加入欧盟,根据欧盟的法律修订了水资源保护法,并执行更为严格的标准。在过去10年里,芬兰造纸工业平均每年在环保方面投资1.6亿美元,在环保运行上花费约1.2亿美元。其中,污水处理费用约占环保运行费用的60%。目前,芬兰所有的纸浆厂、纸厂都设有污水处理厂,污水经处理达标后再排放。除了水资源保护法,芬兰还先后出台了环境保护法、公民健康法、化学物品法、建筑设计法、污水处理法和原油事故处罚条例等,并对水资源的使用和保护做出了相应规定。这些法规与水资源保护法相辅相成,成为一个有机整体,强化了水资源保护。

(2)多方监管及检测。为进一步减少工业生产对环境的污染,从1992年起,芬兰政府对工业企业实行环保许可证制度。工业企业在设计规划阶段、更新扩建以及使用新原料前,必须申请环保许可证,得到批准后才能投产。芬兰环保部门有权随时获得工业企业废水或废气排放的有关资料,以便对企业进行监督。如果发现企业对环境造成污染,可立即采取强制措施。

有效控制农作物种植和畜牧养殖业废水排放是芬兰水资源保护的另一重要方面。芬兰的水资源保护法和相关法律不仅明确规定了每公顷农田氮肥和磷肥的使用量,而且对小麦、青草、土豆等各种作物使用化肥的最高标准加以限制,防止化肥对地表水或地下水造成污染。

在城市水源保护方面,芬兰各城镇均建有高效污水处理厂,对污水进行生化处理。芬兰

拥有世界一流的废水处理技术和设备,净化后的水质纯净程度符合普通用水标准。

除此之外,芬兰的有关部门还通过取样检测,对水资源质量实行不间断监控,并定期检查和维修供水系统和下水管道,制定应对诸如原油和有害化学物质泄漏等对水资源产生污染的重大突发事故的措施。

(3)管理体制设置。芬兰的水资源管理采取的也是统一管理与分级管理相结合的模式。在国家15个行政管理部门中,有8个部门的职能与水相关。农业和林业部负责水资源管理和防洪事务,环境部负责地表水和地下水的保护,就业和经济部负责地方水行政管理、水力发电和其他涉水产业,社会事务和卫生部负责监管饮用水水质,内政部负责自然灾害防治等。各部门依法行事,各司其职。成立于1995年的芬兰环境研究院是芬兰环境部的下属部门,致力于解决环境问题。在芬兰环境研究院,芬兰的水资源管理按照湖域的走向和数量被划分给7个不同的区域,各区域的管理部门按照本地的具体情况实施管理。经过多年努力,芬兰各地空气清新,有水皆清,而且绝大多数湖水水质已恢复到可饮用水平。

2.2 国内经验

2017年,党的十九大报告战略性地提出了要提供更多的优质生态产品的要求,强调统筹山水林田湖草系统治理,建设美丽中国。随着我国社会经济持续快速发展,我国流域水污染防治思路、目标和路线等也在不断发生变化,总结过去、展望未来,有助于未来我国水污染防治体系的构建和优化。

2.2.1 我国水污染防治工作回顾

2.2.1.1 "四位一体"的治污总体思路

"质量—总量—项目—投资""四位一体"技术路线一直是重点流域五期规划(计划)的治污思路。在各期规划(计划)文本中,"质量"表现为列入规划(计划)中的规划断面并对断面设置水质目标;"总量"表现为流域总量控制目标并分解到相关省份;"项目"是为落实规划目标和任务而设置的各种类型的水污染防治项目,不同阶段的水污染防治项目的类型有不同的侧重;"投资"是实施各种治理项目所需投入的资金。虽然"十三五"规划未明确给出总量控制目标和规划项目列表,但在实际水环境管理中,未完成《水污染防治目标责任书》规定的地表水优良比例和劣V类断面比例的省份,对总量控制目标实施考核;规划项目建立中央和省级项目库,由各地自主实施。

2.2.1.2 分级保护的流域水质目标

为更好地适应生态环境保护管理要求,全面反映全国地表水环境质量状况及其变化趋势,我国在20世纪80年代初建立了国家地表水环境质量监测网并逐步发展完善,逐步扩展水环境质量监测断面与监测指标,形成了手工采样、实验室分析、水质自动站相结合的监测体系。与水环境质量监测体系相匹配的是,每一期重点流域水污染防治规划制定饮用水水源地等高功能水体、水质良好水体、污染严重水体等相关规划水质目标。优先保护高功能水体和水质良好水体,限期改善污染严重水体水质,逐步恢复流域总体使用功能,是确定各个五年规划(计划)水质目标的重要经验。

优先保护高功能水体和水质良好水体。其核心是保护饮用水水源和Ⅰ~Ⅲ类优良水体。高功能水体高要求保护,各个五年规划(计划)无一例外都将饮用水水源保护作为重中之重并由此确定水质目标,如"加强饮用水水源地环境监管、让人民喝上干净的水"是松花江流域水污染防治"十一五"规划的第一要务,对35个集中式饮用水水源地提出水质目标;南水北调东线和中线、三峡库区对国家战略性饮用水水源的高功能目标采取严格的措施强化保护。"水十条"抓两头、带中间,明确2020年七大重点流域Ⅰ~Ⅲ类断面比例总体达到70%以上。

限期改善污染严重的水体水质。经过"九五"至"十二五"四期重点流域大规模治污,海河流域由重度污染改善为中度污染,淮河、辽河流域由重度污染改善为轻度污染,太湖湖体、巢湖湖体由中度富营养改善为轻度富营养,滇池由重度富营养改善为中度富营养。要实现2035年的美丽中国目标,我国还需要继续加大污染减排力度并不断提升水质。

逐步恢复流域总体使用功能。发达国家的经验表明,水环境治理是一个长期的过程。2017年,我国1 940个国控地表水断面中,劣Ⅴ类断面(丧失使用功能)有161个,占8.3%;相比1998年劣Ⅴ类断面比例下降25.6个百分点,由此推断在我国要消除丧失使用功能的水体还需要一段时间。

2.2.1.3　分区控制的流域管理体系

流域分区管理是美国、欧洲等流域治理的主要经验和做法,我国自"九五"计划开始就建立起了控制单元分区管理体系。例如,海河"九五"计划依据水系特征,将海河分为9个规划区,再按自然汇流特征和城市化及工业化区域、对应敏感保护目标划分为39个水污染控制区,最后按水环境特征和城镇排水口分布及行政区界来划分水污染控制单元,全流域共划分为137个控制单元,并确定了180个控制断面。

"十五"计划,我国结合实际管理需求进一步完善了"九五"计划分区体系。在制定规划方案时,以控制单元为空间载体,确定化学需氧量和氨氮的排污总量和入河总量,并由此制定水质目标和总量控制目标。"十二五"规划,在8个流域全面建立"流域—控制区—控制单元"三级分区体系,根据水资源分区、自然汇流特征和行政区界,以县级行政区为基本单元,划分了37个控制区、315个控制单元。依据各控制单元污染状况、质量改善需求和风险水平,确定了118个优先控制单元,分为水质维护型、水质改善型和风险防范型三种类型并对其实施分类指导,有针对性地制定控源减污、生态修复、风险防范等措施。

"十三五"重点流域水污染防治规划,流域、水生态控制区、水环境控制单元的三级分区第一次完全覆盖全国国土面积,共划分了341个水生态控制区、1 784个控制单元,其中包括580个优先控制单元和1 204个一般控制单元,因地制宜地采取水污染物排放控制、水资源配置、水生态保护等措施。与"十二五"规划相比,控制单元总个数约增加了4倍,进一步强化了流域分区、分级、分类的针对性管控措施,精细化管理水平进一步提升。

2.2.1.4　由单纯污染治理向流域综合治理转变的治理手段

纵观五期重点流域水环境问题发展及趋势演变,水污染防治经历了从单纯"见污治污"治理工业污染为主,向"社会—经济—资源—环境"的全面统筹、系统治理转变;从治理工业源、规模化畜禽养殖场(小区)、城镇生活源等特定污染源的水污染物总量控制,向流域、区域水环境综合治理转变,并对农业面源、交通源等也提出了相应的工程措施或管控要求;从分散的点源治理,向工业园区及城镇污水处理设施等集中控制与分散治理相结合转变;城镇污水处理设施建设从"重设施、轻管网"的"规模增长"模式向"提质增效"全面转变;工业污染从末端控制向全过程管控、源头管控和清洁生产的过程转变。水污染防治任务涵盖了保障饮用水水源地全面达标、优先控制单元综合整治、工业污染综合防治、城镇生活污水处理改造、农业面源防治示范、生态保护修复、环境风险防范、环境综合整治等内容。各流域根据本流域的特征性、针对性要求,以及各流域环境特点和防治需求相应补充、调整重点任务的次序和内容。例如,"十三五"时期,在"水十条"等纲领性文件的指导下,我国按照水环境、水资源、水生态系统保护的思想,提出了严格水资源保护、保护河湖湿地、防治富营养化等要求,统筹推进流域生态流量保障和水生态保护等任务要求。

水污染防治项目是落实规划任务的表现形式和必要条件。根据规划目标和任务的不同,项目类型设置也呈现出多样性的特征,其中工业污染治理和城镇生活污水处理厂建设项目是各时期、各规划中都有的项目类型。从内容上看,综合整治项目涉及范围广泛,凡是与水污染防治相关的内容都可以归入综合整治,如饮用水水源地保护、面源污染防治、尾矿库整治、河道清淤、水资源调配、生态修复、风险防范、水土保持等。从总体上看,是否设置某一项目主要根据水环境的治理目标而定。从实施效果来看,"九五"至"十二五"四期重点流域水污染防治规划文本中均列出了规划项目清单和规划投资,但由于水污染防治规划实施进程的动态性和不确定性,"十三五"时期规划项目由清单制向动态管理模式转变,规划文本中不再列具体项目清单,而是采取灵活的动态管理方式,并建设水污染防治中央和省级项目储备库。各项目可按年度、项目成熟度申请资金支持。

2.2.1.5　逐步完善的指标考核体系

随着规划编制和实施管理体系的完善,我国规划实施情况的考核体系也逐步趋于完善。"九五"是我国重点流域规划编制与实施的探索时期,规划的实施情况还没有引起足够的重视,在"十五"计划编制时也没有对"九五"的实施情况进行客观评估和总结。"十五"末原国家环保总局评估"十五"计划项目的实施进展和资金完成情况,评估结果被纳入各流域水污染防治"十一五"规划文本。

"十一五"时期考核高锰酸盐指数和化学需氧量指标,淮河流域增加氨氮指标,"三湖"增加总氮、总磷指标;受当时监测能力的限制,《地表水环境质量标准》中规定的其他指标未被考核。"十二五"时期依据《并于印发〈地表水环境质量评价办法(试行)〉的通知》,我国考核《地表水环境质量标准》中规定的除水温、总氮、粪大肠菌群以外的21项指标,关注水环境质量的全面改善。15年间,考核断面数量逐步增加,由"十一五"期间的157个、"十二五"期间的423个增加到"十三五"期间的1 940个。

尤其是"水十条"实施后,我国在"十三五"时期建立了质量优先与兼顾任务相结合的考核体系。2016年12月,原环境保护部联合10部委印发《水污染防治行动计划实施情况考核规定(试行)》,确立了以水环境质量改善为核心、兼顾重点工作的考核思路。由原环境保护部统一协调和负责组织实施,按照"谁牵头、谁考核、谁报告"原则和"一岗双责"要求,明确各牵头部门负责牵头任务的考核,由原环境保护部汇总并做出综合考核结果。其中,水环境主要指标包括地表水Ⅰ~Ⅲ类断面比例和劣Ⅴ类水体控制比例、地级及以上城市建成区黑臭水体控制比例、地级及以上城市集中式饮用水水源水质达到或优于Ⅲ类比例、地下水质量极差控制比例、近岸海域水质一、二类比例5个方面。水污染防治重点任务对"水十条"所有可以量化的目标进行了筛选,重点选择了对水环境质量改善效果显著的任务措施,包括水资源、工业、城镇生活、船舶港口、农业农村、水生态环境、科技支撑、各方责任8项指标共20款措施。对各省进行考核综合评分时,首先以水环境主要指标的评分结果划分等级(优秀、良好、合格、不合格);然后以任务评分进行校核,任务评分大于60分(含),水环境主要指标评分等级即为综合考核结果;任务评分小于60分,水环境主要指标评分等级降一档作为综合考核结果。

2.2.1.6　逐步健全的水污染防治政策体系

20世纪80年代环境管理领域建立的"三大政策"和"八大制度"是各时期水污染防治工作的基础性环境管理制度,随着水污染防治工作的不断推进,主要矛盾发生变化,流域规划实施的政策保障体系也随之不断地创新和完善。我国建立了较为系统全面、日渐成熟的水污染防治政策管理体系。

一是组织机制更加明确。落实《党政领导干部生态环境损害责任追究办法(试行)》要求,自"十一五"起以重点流域水污染防治专项规划实施考核为抓手,依据《中华人民共和国水污染防治法》落实地方政府治污责任,打好治理"组合拳",多部门合力治污,推动落实"党政同责、一岗双责";以排污许可落实企业治污责任。

二是法规标准更加严密。严格环境执法监管,强化《中华人民共和国水污染防治法》等制度的执行,2017年《中华人民共和国水污染防治法》修正案颁布施行,补充饮用水保护、限期达标规划等有关规定;水质标准体系开始建立并得到完善,从"九五"开始,每个国民经济和社会发展五年规划都对污染物排放总量制定了确切的目标,并强制要求完成;形成了质量标准与排放标准、国家与地方"两类两级"的水环境标准体系,并在山东、河北、河南等多个省份制定了一部分流域或区域性的排放标准。

三是排污许可制度逐渐成熟。我国自20世纪80年代开始在水污染防治法中提出了排污许可的要求。1988年起,多个城市开展了排污许可证制度的试点工作。2005年,《国务院关于落实科学发展观加强环境保护的决定》发布,进一步明确了"推行排污许可证制度,禁止无证或超总量排污"。至2013年,全国各地陆续将排污许可证制度纳入了地方性法规。2018年,原环境保护部又发布了《排污许可管理办法(试行)》,规定了排污许可证核发程序等内容,为改革完善排污许可制迈出了坚实的一步。

四是经济政策更加健全。20多个省份在跨省、省内跨地市等流域实施跨界生态补偿政策；中央水污染防治专项资金加大投入力度；排污收费制度逐渐兴起，按照补偿污水处理和污泥处置成本并合理盈利的原则，制定调整污水处理收费标准，尽可能做到应收尽收，并按规定足额核拨污水处理费，以保障污水处理厂正常经营；排污权交易试点范围逐步增大；水环境保护方面的财政制度进一步完备；供水价格机制逐步完善；绿色信贷和保险等制度逐步开展。

五是科技支撑更加有力。自"十一五"以来，我国先后发布多项水环境保护的技术政策。例如，"十一五"期间的《国家先进污染防治技术示范名录》和《国家鼓励发展的环境保护技术目录》等技术名录，包含20余项污染防治技术政策；"十二五"期间，水环境保护的技术政策覆盖了农业生物污染、畜禽养殖等领域；"十三五"期间，原环境保护部又发布了废电池、船舶水污染等防治技术政策，组织实施了"水体污染控制与治理"国家科技重大专项，推动了湖泊生态修复、流域水质水量综合调控等一批先进适用重大科技成果落地转化。

六是监督管理更加有效。中央生态环境保护督察制度由"督企"向"督政"转变，有力推动"党政同责、一岗双责"落实，统一标准、联合执法、联合治污、信息共享等流域协作机制进一步得到完善。

七是公众参与更加广泛。依法公开环境信息，每年开展城市水环境质量排名，畅通"12369"环保热线、微信、网络等举报渠道，接受社会监督。

2.2.2　国内省市经验总结

2.2.2.1　控源方面

山东省制定实施了地方环境标准，历时8年，分4个阶段，逐步取消了高污染行业的排污特权，倒逼高污染行业调整结构、优化布局。2003年，山东省首先从污染最严重的造纸行业入手，在全国发布实施了第一个地方行业性污染物排放标准——《山东省造纸工业水污染物排放标准》，实施具有预见性的环境标准体系，实际上是以一种新的形式宣布落后生产力被淘汰的进程。标准发布后，山东省的各大造纸企业纷纷投入巨资，组织国内外专家进行科技攻关，突破制浆工艺和废水深度处理等行业环保瓶颈，整体控污技术水平大幅度提高。在这一过程中，全省制浆造纸企业由原来的200多家减少到十几家，主要污染物COD（化学需氧量）排放量大幅减少，同时整个行业的规模和利润大大提高。按照同样的思路，山东省先后出台了38项标准，形成了覆盖全境的地方环境标准体系，流域水污染防治工程取得了明显成效。此外，所有废水排放单位在排污口建设生物指示池，外排废水需达到常见鱼类稳定生长的水平再排向环境。山东省还大力推动环境基础设施建设，实施"退渔还湖"，清理取缔和改造投饵围网、网箱。

2.2.2.2　治污方面

1."五水共治"

2013年底，浙江省实施"治污水、防洪水、排涝水、保供水、抓节水"的"五水共治"。

第一阶段为"清三河"，全力清理垃圾河、黑河、臭河，实现由"脏"到"净"的转变。该阶段启动措施包括"两覆盖"和"两转型"。所谓"两覆盖"，即实现城镇截污纳管基本覆盖，农村污水处理、生活垃圾集中处理基本覆盖。所谓"两转型",即抓工业转型,加快铅蓄电池、电镀、制革、造纸、印染、化工6大重污染高耗能行业的淘汰落后和整治提升;抓农业转型,坚持生态化、集约化方向,推进种植养殖业的集聚化、规模化经营和污物排放的集中化、无害化处理,控制农业面源污染。

第二阶段为"剿灭劣V类水攻坚战",实施六大工程——截污纳管、河道清淤、工业整治、农业农村面源治理、排污口整治、生态配水与修复等。

第三阶段为建设"美丽河湖",坚持"两发力",一手抓污染减排,把污染物的排放总量减下来;一手抓扩容,抓生态系统的保护和修复,增强生态系统自净能力。加快"四整治",即工业园区、生活污染源、农村面源整治以及水生态系统的保护和修复等。开展"五攻坚",即中央文件部署的城市黑臭水体治理、长江经济带保护修复、水源地保护、农业农村污染治理、近岸海域污染防治等。全面实施"十大专项行动",即污水处理厂清洁排放、"污水零直排区"建设、农业农村环境治理提升、水环境质量提升、饮用水水源达标、近岸海域污染防治、防洪排涝、河湖生态修复、河长制标准化、全民节水护水行动。

2."污水零直排区"建设,抓截污治本

欲流之远者,必浚其泉源。2016年8月,浙江省宁波市在全省率先提出全面创建"污水零直排区",实现治水工作从治标向治本转变,从末端治理向源头治理转变。"污水零直排区"就是对生产生活污水实行截污纳管、统一收集、达标排放,形象地讲就是"晴天不排水,雨天无污水"。开展以工业园区和生活小区为主的"污水零直排区"建设,并在小餐饮、洗浴、洗车、洗衣、农贸市场等其他可能产生污水的行业建立"污水零直排区",推进污水处理厂尾水再生利用和水产养殖尾水生态化治理试点,从而确保污水"应截尽截、应处尽处"。到2022年,浙江省80%以上的县(市、区)成为"污水零直排区"。

3.污水处理厂清洁排放行动

浙江省在污水处理厂一级A标准的基础上继续提标,发布实施更严格的治水"浙江标准",进一步发挥环境标准的引领和倒逼作用,以此来推动高标准治水、打好污染防治攻坚战。

4.黑臭水体污染源挂图作战

广州市以流域为整体、以村居为单位,划分了2 000多个作战单元,对每条黑臭水体制定剿灭污染源作战图,户户排查,村村过关,拉条挂账,逐个销号。同时,将治违和扫黑除恶结合起来,拆除黑臭河涌周边的违法建筑物。以河涌为单位,全面摸清黑臭河涌排水口底数,查清问题排水口的污水源头及原因,按照"一口一策"的原则,开展问题排水口整治,着力补齐污水收集传输管网缺口,率先通过用电、用水大数据系统开展排查,全面开展"散乱污"场所的排查、整治工作。

2.2.2.3　增容方面

1.大力实施湖滨带、河滩地生态修复

山东省南水北调调水沿线已建成人工湿地97.34平方千米,修复自然湿地面积108.67平方千米。南四湖已恢复水生高等植物68种,物种恢复率达92%;恢复鱼类52种,物种恢复率达67%,生态环境明显改善。

2. 再生水纳入区域水资源统一配置

为按时完成南水北调治污任务,山东省精心治理流域污染,逐步探索出适用于发展中地区的"治、用、保"流域治污新路子。其中"用"的方面,山东省将污水处理与再生水纳入区域水资源统一配置。省水利厅、南水北调局指导调水沿线各市建成 21 个再生水截蓄导用工程,每年可消化中水 2.1 亿吨,有效改善农田灌溉面积 1330 平方千米。

2.2.2.4 严管方面

1. "河长制"

"河长制"是浙江省干部群众的创新设计,确保每一条河均能"责任到人"。2017 年,浙江省率先出台了全国第一部河长制地方法规——《浙江省河长制规定》。2017 年初,在深入推进"河长制"的同时,浙江省率先在全国实行将湖泊和水库同步纳入"湖长制"实施范围,2018 年已建立五级湖长体系。浙江省率先在全国完成全面推行河长制省级验收;率先在全国实现河长制信息化全覆盖;率先成立"河长"学院,浙江省水利水电学院已于 2017 年 12 月挂牌成立"浙江河长学院",为全省"河长制"工作提供了坚实的技术支撑和人员培训保障。为"河(湖)长"配备"河道警长",治水管理体系逐步延伸到湖库、海湾以及池、渠、塘、井等小微水体。

2. 打造环境安全防控屏障

围绕预防、预警和应急三大环节,山东省建立和完善了环境风险评估、隐患排查、事故预警和应急处置四项工作机制,还创新实行了"超标即应急"零容忍工作机制和"快速溯源法"工作程序,一旦发现污染超标,24 小时内锁定污染源,从事故源头实施有效控制。

3. 不断提升排水管理水平

广州市督促各区重点开展餐饮类、沉淀类、有毒有害类等典型排水户的巡检和违法排水整治工作,强化排水审批、证后监管和排水执法工作;全面强化排水设施管理,开展排水设施管理养护工作考评,推动中心城区排水设施全覆盖、无死角管理养护;加强供水、排水联动,以排定供,新增用水户应按要求在供水开始前完成排水规范接入市政管网工作;以排限供,对拒不整改的违法排水户,通过实施限制供水或停水,督促其进行整改;印发实施《广州市全面攻坚排水单元达标工作方案》《广州市城镇污水处理提质增效三年行动方案(2019—2021 年)》等文件,部署"排水单元达标"攻坚行动,明确单元红线内部设施的权属人、管理人、养护人、监管人"四人"到位;以雨污分流为原则,整合各部门力量,开展排水单元达标建设。

4. 强化执法常态监管

浙江省在全国率先实现公检法驻环保联络机构全覆盖,组织开展护水系列执法行动,始终保持执法高压态势。福建省永春县设立"生态警察中队",整合环保、农业、水利、森林公安等部门在生态环保方面的执法职能,对"电、毒、炸、网"、随意排污、破坏河堤、倾倒垃圾等破坏河道生态的违法犯罪行为进行有力查处,形成行政执法协调联动的侦办机制,解决过去河道生态执法调查取证难、处置难、处罚难的问题,增强执法部门的专业能力,减少执法阻力,提高执法震慑力,确保诉讼程序的顺利启动和进行,创建河长制检察示范基地,切实为保护水生态环境保驾护航。

2.2.2.5　经济杠杆

1.加强生态政策供给

浙江省坚持市场导向,让价格机制在治水中发挥决定性作用;推动实施主要污染物排放总量财政收费制度、"两山"财政专项激励政策,探索绿色发展财政奖补机制,拓展生态补偿机制,实现省内全流域生态补偿、省级生态环保财力转移支付全覆盖。浙江省在水权交易、水污染权交易、水生态补偿制度的建设方面走在全国前列。20多年前,富水的东阳市和缺水的义乌市经过多轮谈判,最终签署了水权转让协议,该案例为全国树立了典范。浙江省在全国最早实施水污染权有偿使用制度,并使之形成招商选资机制,既促进了环境保护,又激励了经济发展;在全国最早实施省级水生态保护补偿机制,并将水生态补偿机制扩展到省际,促进了流域的和谐发展。其水权制度改革、排污权制度改革等为中央提出"实施节能量、碳排放权、排污权、水权制度"提供了实践支持。

2.用经济杠杆赋能水环境治理——北京市

随着北京市水环境质量不断改善,跨界断面补偿金额由2015年的9.65亿元降至2018年的1.47亿元。随着时间的推移,这一数字还在不断下降,利用经济杠杆促进水质改善效果明显。而这种四两拨千斤的省内补偿机制,让北京市实现了生态补偿制度"零"的突破,在全国范围内具有开创性。

2.2.2.6　科技支撑

1.智慧治水

浙江省宁波市成立中国科学院宁波城市环境观测研究站,集聚涉水领域高层次专家人才百余人,启动"村镇生态化治理及社区可持续发展研究集成示范"等项目,开展"水体有机污染物检测技术开发"等治水课题。数百位技术顾问分赴各地剿劣现场"会诊把脉",每个镇街、每条重点问题河道都配有相对应的治水专家,智能机器、地理信息系统等治水新利器得到充分应用。浙江省加强科技服务,建立技术服务团,召开技术促进大会,建立专家"派工单"和"点对点"服务制度。

2.运用信息技术手段治水

广州市在全省率先推出"广州河长APP(应用程序)",实现"河长巡河、河长督查、公众监督"的多层次功能,有效提升河长管理效率和监督力度,开展违法排水有奖举报;同时,建设"排水设施巡检APP",精细化管理全市排水设施,在全国率先上线运行"排水设施巡检APP",实现运用信息技术手段精细化管理城市排水管网;开展"广州市农村生活污水管理信息系统"建设工作,在全省率先实现农村生活污水全流程数据化管理,实现已建成农污管理设施及流溪河流域相关信息数据管理可视化;开展广州市排水户管理信息系统的建设工作,开发广州市排水户管理信息系统,实现排水户日常管理。

2.2.2.7　公众参与

浙江省多地积极发展公众参与,工青妇治水队伍齐上阵,农村"池大爷""塘大妈"守护门前一塘清水。企业河长、乡贤河长、华侨河长和洋河长等社会各界人士也积极加入治水大军,从而形成全民治水的良好氛围。

第三章 主要研究内容

3.1 城市碧水保卫战任务设计

本项目以天津市 20 个"十三五"地表水考核断面为基础,采用 GIS(地理信息系统)高程提取技术,结合天津河网水系、水生态特征,划定全市水生态功能分区;结合天津市实际水文情况,核算各水生态功能分区的水环境容量;首次以入海河流通道作为分区单位,统筹水环境、水资源、水生态,以入海河流全面达标为目标,采用 Delft 模型数值模拟技术,根据五大水系、"一河一策"系统设计全市污染减排、生态扩容和风险防范各类水生态保护和污染减排等任务,在顶层设计方面,规划天津市"十三五"水环境达标工作时间表和路线图。

3.1.1 水污染源分析

城市的水污染源主要分为工业源、城镇生活源和农业农村源,这 3 部分排放量及入河量直接影响地表水环境质量。本书以天津市为例,系统分析全市各类水污染源的排污情况,包括排放量、排污强度、基础设施完善情况与分水系各类污染源的排放情况,并通过分析污染来源结构、排放水平等,找出各类水污染源在源头防治、治污水平、严格管理等方面的不足,为碧水保卫战任务设计奠定基础。

3.1.2 环境质量评估

"十二五"以来,项目团队立足国家地表水考核断面、市级地表水考核断面水环境质量评估工作,梳理城市地表水环境质量变化情况,并从流域角度,分析各条重要河流的水环境目标及差距、主要污染因子等,从完成地表水环境目标的角度倒推碧水保卫战相关主要任务。

3.1.3 环境容量测算

不同水域功能类别分别执行相应类别的水质标准。根据保护目标和基准值,计算该保护水域允许容纳的最大水污染物数量,将其拟作水环境容量。此水环境容量作为排污总量控制值,也是排污口使用允许排污量。本书采用建立模型的方法,对城市考核的重点河湖开展不同河段的环境容量测算,以此给出"十三五"末天津市国考、市考断面的水质控制目标。

3.1.4 水生态功能分区研究

水生态功能分区研究的目的是实现中国流域的"分区、分类、分级、分期"的精细管理。长期以来,为了提升水环境质量,国内外学者及管理部门都侧重理化指标的研究。但随着水环境、水资源、水生态"三水统筹"的理念日益深入人心,除了提高水环境质量水平,加强水生生境保护、提高生物多样性也逐步成为水生态保护工作的终极方向。水生态系统结构是保证水生态系统完整的基础,反映水生态系统结构的物理、化学与生物特征,是区分不同区域生境特征与功能差异的重要指标,反映了流域水生态功能的空间异质性。本书在提出水环境质量目标的基础上,探索研究了天津市水生态功能分区,以期为城市水生态环境保护提供参考。

3.1.5 任务设计

首先,本项目在系统分析天津市水环境质量差距与各类污染成因的基础上,系统设计了天津市"十三五"期间碧水保卫战的各项任务,具体包括饮用水水源保护、控源治污、生态修复、监管能力提升、风险防范5方面任务。其次,根据天津市水系特征,分别对蓟运河水系、永定新河水系、海河干流水系、独流减河水系、南四河五大入海河流水系进行研究,从污染治理、生态修复等方面提出入海河流污染防治各项治理方法。最后,预测碧水保卫战各项任务、工程的实施情况,测算减排潜力,从而分析全市"十三五"期间的水污染防治攻坚目标的可达性。

3.2 水污染防治任务成效评估

3.2.1 工作任务评估

本书研究团队对"水十条"实施以来天津市水污染防治重点任务开展评估,通过资料收集、现场调查、部门座谈等手段全面梳理项目完成情况与环境效益。评估文件包括《天津市水污染防治工作方案》《〈重点流域水污染防治规划(2016—2020年)〉天津市实施方案》《天津市打好碧水保卫战三年作战计划(2018—2020年)》等10项污染防治文件,以及各区的水体达标方案。评估任务涉及天津市生态环境局、市水务局、市农业农村委、市规划和自然资源局、市工信局、市住建委、市发改委、市交通运输委等16个市级相关部门。逐项评估各市级部门承担的任务(年度任务)是否完成、是否按计划正在进行、是否滞后等。评估工程涉及全市16个行政区,任务是评估各区水体达标方案中所列工程项目是否按计划执行,并查找存在的问题及不足。

3.2.2 治理成效评估

首先,开展全市地表水环境质量成效分析,分析地表水环境质量的变化情况,特别是碧水保卫战实施后的改善情况。其次,分析"十三五"末,天津市地表水国考、市考断面水质现状是否达到地表水攻坚目标。评估显示,经过各项任务的实施,全市水生态环境质量得到有效改善,特别是在2019年底,主要入海河流基本实现消劣。

同时,利用驱动力-压力-状态-影响-响应模型(DPSIR模型)建立涵盖30项符合天津市现状指标的评价指标体系,包括经济、社会、生态、环境等多方面要素,通过问卷调查、模型模拟等多种方式,全面定量评估"十三五"以来经济、社会、工程、管理等各方面发展对水生态环境的影响及成效。在此基础上,提出未来完善水污染防治的对策,为改善生态环境提供有力建议。

第二篇 天津市碧水保卫战顶层设计研究

第四章 天津市水生态环境现状

4.1 河流水系及水环境质量

4.1.1 主要河道水系概况

天津地处海河流域下游,河网密布,洼淀众多。海河流域包括海河和滦河两大流域七大水系,以及独立入海的徒骇河、马颊河及冀东沿海诸小河流。流经天津市的、以行洪为主的一级河道共 19 条,总长度为 1 095 千米,以排涝为主的二级河道共 122 条,总长约 1 800 千米,分属海河流域的北三河水系、永定河水系、大清河水系、漳卫南运河水系、海河干流水系和黑龙港运东水系。滦河位于海河流域东北部,为单独入海河流。

天津地跨海河两岸,海河是华北地区最大的水系,上游长度在 10 千米以上的支流有 300 多条,在中游附近汇合于北运河、永定河、大清河、子牙河和南运河,此五河又在天津金钢桥附近的三岔口汇合成海河干流,由大沽口入海。海河干流全长 72 千米,平均河宽 100 米,水深 3~5 米。

天津市水系按照入海口及水系关系划分为五大水系:蓟运河水系、永定新河水系、海河水系、独流减河水系以及南四河水系。天津市水系及国控断面划分情况见图 4.1。全市共有 12 条入海河流。其中,蓟运河、永定新河、海河、独流减河、青静黄排水渠、子牙新河、北排水河、沧浪渠等 8 条河流属跨境河流;付庄排干、东排明渠、大沽排水河、荒地河等 4 条河流属境内河流。

4.1.2 全市环境质量总体情况

天津市"十三五"期间共有地表水国家考核断面 20 个。除了曹庄子泵站为南水北调暗渠,其他断面涉及境内的 15 条一级河道和两个湖库。其中一级河道为果河、州河、南运河、北运河、潮白新河、蓟运河、永定新河、子牙河、海河、洪泥河、独流减河、青静黄排水渠、北排河、子牙新河、沧浪渠;两个湖库为尔王庄水库(含引滦明渠)与于桥水库。考核断面位置见图 4.2。

2017 年天津市 20 个地表水国家考核断面中,水质优良(达到或优于Ⅲ类)的断面有 7 个,个数占比 35%;丧失使用功能(劣于Ⅴ类,以下简称劣Ⅴ类)的水体断面有 8 个,个数占比 40%。2017 年天津市 12 条入海河流几乎均为劣Ⅴ类。

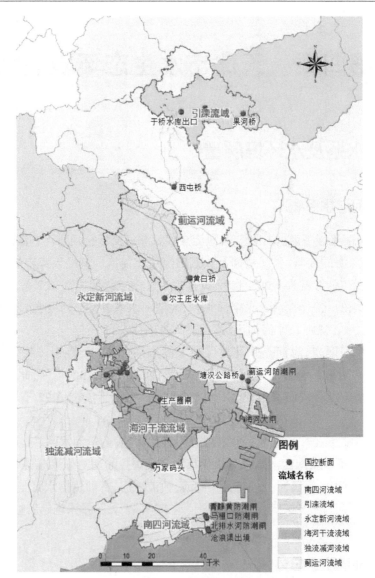

图 4.1　天津市水系及国控断面划分情况

图4.2　天津市河流概况与国考、市考考核断面分布示意图

4.1.3　各汇水区环境质量变化

天津全市地表水共涉及5个入海通道汇水区。对每个汇水区境内主要污染物浓度进行分析后可以看出：2013—2017年,全市境内地表水主要污染物浓度整体呈下降趋势,氨氮降幅明显,2017年比2013年下降了40%,高锰酸盐指数和化学需氧量分别下降了27.5%、26.4%,如图4.3所示。

2013—2017年,蓟运河、永定新河主要污染物浓度总体呈现小幅下降趋势,但总磷小幅上涨,涨幅分别为29%、8%;海河主要污染物浓度总体呈现大幅下降趋势,其中氨氮和总磷降幅分别为58%和43%;独流减河主要污染物浓度稳中有降,氨氮降幅明显,2017年比2013年下降了44%;南四河主要污染物浓度有升有降,氨氮下降了59%,总磷上涨了35%,如图4.4至4.8所示。

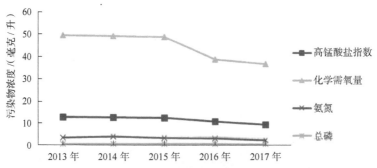

图4.3　2013—2017年天津市境内地表水主要污染物浓度变化

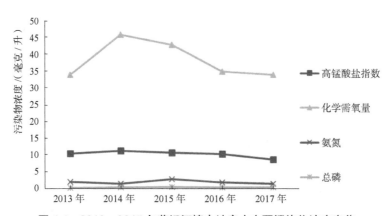

图4.4　2013—2017年蓟运河境内地表水主要污染物浓度变化

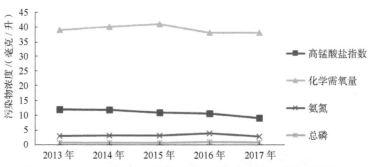

图4.5　2013—2017年永定新河境内地表水主要污染物浓度变化

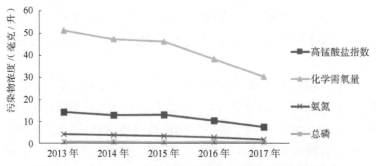

图4.6　2013—2017年海河境内地表水主要污染物浓度变化

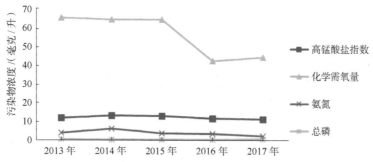

图 4.7　2013—2017 年独流减河境内地表水主要污染物浓度变化

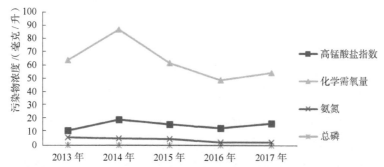

图 4.8　2013—2017 年南四河境内地表水主要污染物浓度变化

4.2　污染源排放与构成

4.2.1　工业污染源

4.2.1.1　全市总体情况

环境统计数据显示,2016 年天津全市工业总用水量为 92.14 亿吨,其中取水量为 3.64 亿吨,重复用水量为 88.5 亿吨。工业废水处理量为 3.25 亿吨,工业废水排放量为 1.72 亿吨,其中直接排入环境水体 0.63 亿吨,进入污水处理厂 1.09 亿吨。排水量居前十位的行业分别为:化学原料和化学制品制造业,造纸和纸制品业,黑色金属冶炼和压延加工业,计算机、通信和其他电子设备制造业,金属制品业,汽车制造业,石油、煤炭及其他燃料加工业,食品制造业,橡胶和塑料制品业,纺织业。上述排水量合计占工业排水总量的 69.68%,如表 4.1 所示。其中 7 个行业为天津市工业生产总值排名前十位的行业。造纸和纸制品业为"水十条"专项整治的十大行业之一;化学原料和化学制品制造业,金属制品业,石油、煤炭及其他燃料加工业,纺织业 4 个行业大类中包含的行业中类或小类(氮肥、农药、电镀、焦化、印染)也属于"水十条"专项整治的十大行业。

表 4.1　天津市主要行业大类工业废水排放量概况

序号	行业类别名称	行业代码	工业废水排放量 / 万吨	工业废水排水量占全市比例 /%
1	化学原料和化学制品制造业	26	4 724.20	27.35
2	造纸和纸制品业	22	1 459.78	8.45
3	黑色金属冶炼和压延加工业	31	1 415.76	8.20
4	计算机、通信和其他电子设备制造业	39	1 011.92	5.86
5	金属制品业	33	719.92	4 17
6	汽车制造业	36	604.33	3.50
7	石油、煤炭及其他燃料加工业	25	601.08	3.48
8	食品制造业	14	534.26	3.09
9	橡胶和塑料制品业	29	494.83	2.86
10	纺织业	17	469.30	2.72
合计	—		12 035.38	69.68

2016 年全市工业废水中，COD（化学需氧量）排放总量为 24 057.8 吨，排放量居前十位的行业分别为：化学原料和化学制品制造业，黑色金属冶炼和压延加工业，计算机、通信和其他电子设备制造业，金属制品业，造纸和纸制品业，汽车制造业，食品制造业，橡胶和塑料制品业，医药制造业，酒、饮料和精制茶制造业。上述排放量合计占工业 COD 排放总量的 71.87%，详见表 4.2。其中 6 个行业为天津市工业生产总值排名前十位的行业。造纸和纸制品业为"水十条"专项整治的十大行业之一；化学原料和化学制品制造业、金属制品业、医药制造业 3 个行业大类中包含的行业中类或小类（氮肥、农药、电镀、原料药制造）也属于"水十条"专项整治的十大行业。

表 4.2　天津市主要行业大类工业 COD 排放量概况

序号	行业类别名称	行业代码	工业 COD 排放量 / 吨	工业 COD 排放量占全市比例 /%
1	化学原料和化学制品制造业	26	8 174.06	33.98
2	黑色金属冶炼和压延加工业	31	1 499.96	6.23
3	计算机、通信和其他电子设备制造业	39	1 471.41	6.12
4	金属制品业	33	1 077.64	4.48
5	造纸和纸制品业	22	916.31	3.81
6	汽车制造业	36	889.56	3.70
7	食品制造业	14	885.87	3.68
8	橡胶和塑料制品业	29	861.32	3.58
9	医药制造业	27	791.42	3.29
10	酒、饮料和精制茶制造业	15	722.39	3.00
合计	—		17 289.94	71.87

2016 年全市工业废水中,氨氮排放总量为 3 191.8 吨,排放量居前十位的行业分别为:化学原料和化学制品制造业,黑色金属冶炼和压延加工业,计算机、通信和其他电子设备制造业,金属制品业,橡胶和塑料制品业,汽车制造业,造纸和纸制品业,酒、饮料和精制茶制造业,食品制造业,纺织业,详见表 4.3。其中 6 个行业为天津市工业生产总值排名前十位的行业。造纸和纸制品业为"水十条"专项整治的十大行业之一;化学原料和化学制品制造业、金属制品业、纺织业 3 个行业大类中包含的行业中类或小类(氮肥、农药、电镀、印染)也属于"水十条"专项整治的十大行业。

表 4.3　天津市主要行业大类工业氨氮排放量概况

序号	行业类别名称	行业代码	工业氨氮排放量 / 吨	工业氨氮排放量占全市比例 /%
1	化学原料和化学制品制造业	26	1 258.08	39.42
2	黑色金属冶炼和压延加工业	31	335.65	10.52
3	计算机、通信和其他电子设备制造业	39	167.73	5.25
4	金属制品业	33	112.23	3.52
5	橡胶和塑料制品业	29	109.99	3.45
6	汽车制造业	36	103.74	3.25
7	造纸和纸制品业	22	95.49	2.99
8	酒、饮料和精制茶制造业	15	88.37	2.77
9	食品制造业	14	77.21	2.42
10	纺织业	17	69.67	2.18
合计	—	—	2 418.16	75.77

依据工业废水排放量和主要污染物排放量,共筛选出天津市重点关注行业 12 个,分别为:化学原料和化学制品制造业,造纸和纸制品业,黑色金属冶炼和压延加工业,计算机、通信和其他电子设备制造业,金属制品业,汽车制造业,石油、煤炭及其他燃料加工业,食品制造业,橡胶和塑料制品业,纺织业,医药制造业,酒、饮料和精制茶制造业,覆盖了十大行业中的 8 个行业。这 12 个行业合计实现工业总产值 7 431.15 亿元,占全市工业总产值的58.98%;工业废水排放量合计 1.29 亿吨,占全市工业废水排放量的 74.78%;COD、氨氮合计排放量分别为 1.82 万吨、0.25 万吨,分别占全市工业 COD 和氨氮排放量的 75.74% 和79.31%。

4.2.1.2　分水系工业污染源情况

工业污染源 COD 排放量主要集中在海河干流水系、蓟运河水系和永定新河水系。海河干流水系东沽泵站、蓟运河水系蓟运河防潮闸、永定新河水系塘汉公路桥等断面对应汇水区域污染物排放量较高,是各水系污染物排放的主要贡献断面。东沽泵站、塘汉公路桥等断面对应的汇水区域工业 COD 排放以污水处理厂处理后排放为主;蓟运河防潮闸断面汇水区域内,工业 COD 直排量较大,在断面汇水区域和水系工业 COD 排放量中占比较高,如表4.4、图 4.9 所示。

表 4.4　天津市工业污染源 COD 排放量分布表　　　　　　　　单位：吨 / 年

序号	所在水系	汇水区域	工业 COD 直排量	工业经污水厂处理后的 COD 排放量	工业 COD 排放总量	水系工业 COD 排放总量
1	蓟运河水系	西屯桥	29.17	—	29.17	4 613.97
2		杨庄水库坝下	—	—	—	
3		蓟运河防潮闸	4 207.08	377.72	4 584.80	
4		大神堂村河闸	—	—	—	
5	永定新河水系	黄白桥	376.01	0.57	376.58	5 432.33
6		塘汉公路桥	924.55	4 131.20	5 055.75	
7		东排明渠入海口	—	—	—	
8	海河干流水系	北洋桥	—	—	—	8 416.85
9		大红桥	—	—	—	
10		井冈山桥	—	—	—	
11		海河三岔口	874.08	—	874.08	
12		生产圈闸	—	—	—	
13		海河大闸	63.02	—	63.02	
14		东沽泵站	574.78	6 904.97	7 479.75	
15	独流减河水系	万家码头	1 358.47	210.48	1 568.95	2 700.40
16		荒地河入海口	731.08	400.37	1 131.45	
17	南四河水系	青静黄防潮闸	249.42	295.48	544.90	545.94
18		马棚口防潮闸	1.04	—	1.04	
19		北排水防潮闸	—	—	—	
20		沧浪渠出境	—	—	—	
总计	—	—	9 388.70	12 320.79	21 709.49	21 709.49

■ 蓟运河流域　　■ 永定新河流域　　■ 海河干流流域　　■ 独流减河流域　　■ 南四河流域

图 4.9　天津市工业污染源 COD 排放量分布图

　　2016 年,天津市工业污染源氨氮排放量合计 2 949.59 吨,其中工业氨氮直排量为 936.64 吨、经污水处理厂处理后的氨氮排放量为 2 012.95 吨。工业污染源氨氮排放量主要集中在海河干流水系东沽泵站断面对应的汇水区域,海河干流水系的工业氨氮排放量为 1 730.66 吨,且主要为污水处理厂处理后排放。永定新河水系、独流减河水系、蓟运河水系亦有不同程度的工业污染源氨氮排放,但排放量明显低于海河干流水系,如表 4.5、图 4.10 所示。

表 4.5　天津市工业污染源氨氮排放量分布表　　　　单位:吨 / 年

序号	所在水系	汇水区域	工业氨氮直排量	工业经污水厂处理后的氨氮排放量	工业氨氮排放总量	水系氨氮排放总量
1	蓟运河水系	西屯桥	2.80	—	2.80	258.68
2		杨庄水库坝下	—	—	—	
3		蓟运河防潮闸	231.81	24.07	255.88	
4		大神堂村河闸	—	—	—	
5	永定新河水系	黄白桥	33.99	0.04	34.03	622.02
6		塘汉公路桥	82.46	505.53	587.99	
7		东排明渠入海口	—	—	—	
8	海河干流水系	北洋桥	—	—	—	1 730.67
9		大红桥	—	—	—	
10		井冈山桥	—	—	—	
11		海河三岔口	251.46	—	251.46	
12		生产圈闸	—	—	—	
13		海河大闸	4.19	—	4.19	
14		东沽泵站	50.23	1 424.79	1 475.02	
15	独流减河水系	万家码头	176.71	19.83	196.54	308.79
16		荒地河入海口	78.70	33.55	112.25	
17	南四河水系	青静黄防潮闸	24.06	5.14	29.20	29.43
18		马棚口防潮闸	0.23	—	0.23	
19		北排水防潮闸	—	—	—	
20		沧浪渠出境	—	—	—	
总计	—	—	936.64	2 012.95	2 949.59	2 949.59

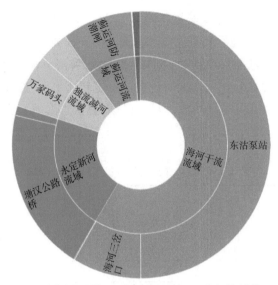

蓟运河流域　　永定新河流域　　海河干流流域　　独流减河流域　　南四河流域

图 4.10　天津市工业污染源氨氮排放量分布图

工业点源主要由工业直排源及经污水处理厂处理后的工业源组成。海河干流水系东沽泵站、永定新河水系塘汉公路桥等 2 个断面对应的汇水区域内,经污水处理厂处理后的工业源是污染物的主要来源。蓟运河水系蓟运河防潮闸、独流减河水系万家码头等断面对应的汇水区域内,工业直排源是污染物排放的主要来源,如图 4.11、图 4.12 所示。

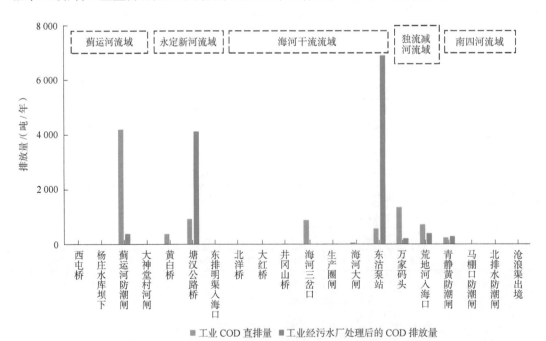

工业 COD 直排量　　工业经污水厂处理后的 COD 排放量

图 4.11　天津市各类工业污染源分河流断面 COD 排放量分布图

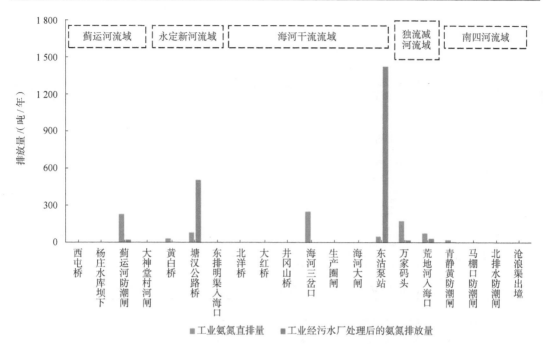

图 4.12　天津市各类工业污染源分河流断面氨氮排放量分布图

4.2.2　城镇生活源

2017 年,天津市城镇生活源 COD 排放量合计 4.48 万吨,其中城镇生活源 COD 直排量和经污水处理厂处理后的城镇生活源 COD 排放量均为 2.24 万吨。城镇生活源 COD 排放主要集中在海河干流水系和永定新河水系,排放总量分别约为 1.87 万吨和 1.49 万吨。上述 2 个水系分别覆盖北塘排水河、大沽排水河等天津市污水处理厂主要排放河道,故经污水厂处理后排放的城镇生活源是 COD 的主要来源。城镇生活直排源方面,除南四河水系,其余水系都不同程度有所涉及,且分布较为平均,但总量少于纳入污水处理厂的城镇生活源部分。城镇生活源污染物排放分布如表 4.6、图 4.13 所示。

表 4.6　天津市城镇生活源 COD 排放量分布表

单位:吨 / 年

序号	所在水系	汇水区域	城镇生活 COD 直排量	城镇生活经污水厂处理后的 COD 排放量	城镇生活 COD 排放总量	水系城镇生活 COD 排放总量
1	蓟运河水系	西屯桥	1 725.12	236.78	1 961.90	3 538.24
2		杨庄水库坝下	—	—	—	
3		蓟运河防潮闸	890.31	686.03	1 576.34	
4		大神堂村河闸	—	—	—	
5	永定新河水系	黄白桥	570.73	491.27	1 062.00	14 896.62
6		塘汉公路桥	2 544.20	10 435.36	12 979.56	
7		东排明渠入海口	855.06		855.06	

续表

序号	所在水系	汇水区域	城镇生活COD直排量	城镇生活经污水厂处理后的COD排放量	城镇生活COD排放总量	水系城镇生活COD排放总量
8	海河干流水系	北洋桥	—	—	—	18 735.95
9		大红桥	—	—	—	
10		井冈山桥	—	—	—	
11		海河三岔口	2 007.28	—	2 007.28	
12		生产圈闸	—	—	—	
13		海河大闸	3 971.38	1 282.26	5 253.64	
14		东沽泵站	2 883.27	8591.76	11 475.03	
15	独流减河水系	万家码头	4 251.06	290.27	4 541.33	5 996.07
16		荒地河入海口	1 111.57	343.17	1 454.74	
17	南四河水系	青静黄防潮闸	1 607.51	—	1 607.51	1 607.51
18		马棚口防潮闸	—	—	—	
19		北排水防潮闸	—	—	—	
20		沧浪渠出境	—	—	—	
总计	—	—	22 417.49	22 356.90	44 774.39	44 774.39

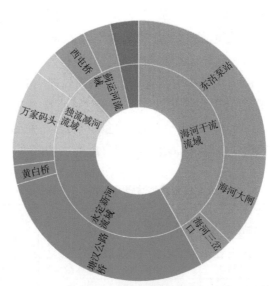

■ 蓟运河流域　■ 永定新河流域　■ 海河干流流域　■ 独流减河流域　■ 南四河流域

图 4.13　天津市城镇生活源 COD 排放量分布图

2017 年,天津市城镇生活源氨氮排放量合计 4 346.77 吨,其中城镇生活氨氮直排量为 2 831.69 吨、经污水处理厂处理后的氨氮排放量为 1 515.08 吨。按水系划分,海河干流水系和永定新河水系是城镇生活氨氮排放量的主要来源,排放量分别为 1 846.22 吨和 1 226.53 吨,分别占全市城镇生活氨氮排放量的 42.47% 和 28.22%,且分别主要来源于东沽泵站和塘汉公路桥等断面的汇水区域。城镇生活氨氮直排量主要来源于海河干流水系,排放量达1 143.10 吨,占全市城镇生活直排量的 40.36%,详见表 4.7、图 4.14。

表 4.7 天津市城镇生活源氨氮排放量分布表 单位:吨 / 年

序号	所在水系	汇水区域	城镇生活氨氮直排量	城镇生活经污水厂处理后的氨氮排放量	城镇生活氨氮排放总量	水系城镇生活氨氮排放总量
1	蓟运河水系	西屯桥	185.45	24.73	210.18	
2		杨庄水库坝下	—	—	—	346.62
3		蓟运河防潮闸	106.57	29.87	136.44	
4		大神堂村河闸	—	—	—	
5	永定新河水系	黄白桥	69.10	51.79	120.89	
6		塘汉公路桥	337.47	652.00	989.47	1 226.53
7		东排明渠入海口	116.17	—	116.17	
8	海河干流水系	北洋桥	—	—	—	
9		大红桥	—	—	—	
10		井冈山桥	—	—	—	
11		海河三岔口	257.82	—	257.82	1 846.22
12		生产圈闸	—	—	—	
13		海河大闸	534.64	56.73	591.37	
14		东沽泵站	350.64	646.39	997.03	
15	独流减河水系	万家码头	504.42	24.23	528.65	709.01
16		荒地河入海口	151.02	29.34	180.36	
17	南四河水系	青静黄防潮闸	218.39	—	218.39	
18		马棚口防潮闸	—	—	—	218.39
19		北排水防潮闸	—	—	—	
20		沧浪渠出境	—	—	—	
总计	—	—	2 831.69	1 515.08	4 346.77	4 346.77

各水系均有城镇生活污染物直排量。污染物直排量主要集中于海河干流水系、独流减河水系、永定新河水系。上述 3 个水系的城镇生活污染物直排量占全市城镇生活直排量的 80% 以上。万家码头、海河大闸、东沽泵站、塘汉公路桥 4 个断面汇水区域的城镇生活直排量整体较高,占全市城镇生活直排量的 60% 以上。经污水处理厂处理后的污染物排放量主要集中于海河干流水系和永定新河水系。东沽泵站、塘汉公路桥等断面占全市城镇生活污水处理厂排放量的 85%,如图 4.15、图 4.16 所示。

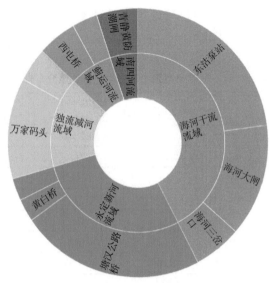

图 4.14　天津市城镇生活源氨氮排放量分布图

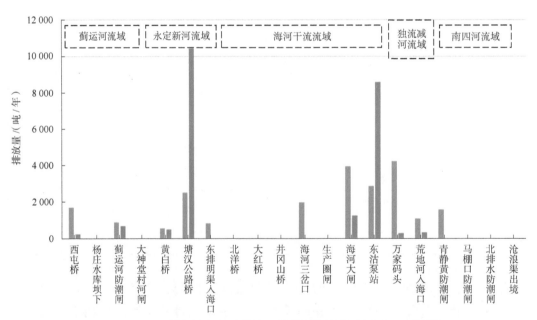

图 4.15　天津市各类城镇生活源分河流断面 COD 排放量分布图

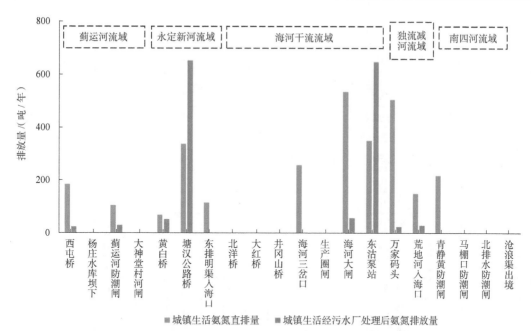

图 4.16 天津市各类城镇生活源分河流断面氨氮排放量分布图

4.2.3 农村污染源

2017 年,天津市农村污染源 COD 排放量合计 11.01 万吨,排放主要集中在永定新河水系、蓟运河水系和独流减河水系,其排放量分别约为 4.62 万吨、3.50 万吨和 1.66 万吨,分别占全市农村污染源排放量的 41.91%、31.76%、15.06%。其中,塘汉公路桥、蓟运河防潮闸、万家码头等断面汇水区域的 COD 排放量较高,是全市和各水系农村污染源 COD 排放主要贡献断面。黄白桥、西屯桥 2 个断面农村污染源排放量亦较大。

按污染来源划分,农村污染源 COD 排放量主要来源于畜禽养殖的 COD 排放量。全市畜禽养殖 COD 排放量约为 7.68 万吨,占农村污染源 COD 排放量的 69.76%,其次为农村生活直排和水产养殖排放。按汇水区域划分,塘汉公路桥、蓟运河防潮闸、万家码头、西屯桥、黄白桥等断面对应的汇水区域是农村生活直排及畜禽养殖 COD 排放的重点区域,如表 4.8、图 4.17、图 4.18 所示。

表 4.8 天津市农村污染源 COD 排放量分布表

单位:吨/年

序号	所在水系	汇水区域	农村生活 COD 直排量	畜禽养殖 COD 排放量	水产养殖 COD 排放量	农村 COD 排放量	水系农村 COD 排放量
1	引滦引江水系	尔王庄水库	—	—	—	—	3 324.12
2		果河桥、于桥水库库中心、于桥水库出口	—	3 203.20	120.92	3 324.12	
3	蓟运河水系	西屯桥	1 393.07	7 715.63	875.61	9 984.31	34 985.95
4		杨庄水库坝下	—	202.40	—	202.40	
5		蓟运河防潮闸	3 937.73	16 205.79	3 878.69	24 022.21	
6		大神堂村河闸	98.49	582.17	96.37	777.03	

序号	所在水系	汇水区域	农村生活COD直排量	畜禽养殖COD排放量	水产养殖COD排放量	农村COD排放量	水系农村COD排放量
7	永定新河水系	黄白桥	1 879.77	6 714.12	1 047.87	9 641.76	46 164.79
8		塘汉公路桥	6 028.77	24 635.39	5 858.87	36 523.03	
9		东排明渠入海口					
10	海河干流水系	北洋桥	31.39	1 029.75	—	1 061.14	5 894.21
11		大红桥	113.65	431.31	—	544.96	
12		井冈山桥	—	—	—	—	
13		海河三岔口	—	465.71	—	465.71	
14		生产圈闸	39.35	0.79	—	40.14	
15		海河大闸	941.79	2 071.49	—	3 013.28	
16		东沽泵站	206.05	562.93	—	768.98	
17	独流减河水系	万家码头	2 714.81	10 842.19	2 798.91	16 355.91	16 592.80
18		荒地河入海口	—	—	236.89	236.89	
19	南四河水系	青静黄防潮闸	310.58	667.23	312.25	1 290.06	3 188.07
20		马棚口防潮闸	81.34	286.53	101.44	469.31	
21		北排水防潮闸	21.28	124.87	14.64	160.79	
22		沧浪渠出境	104.49	1100.48	62.94	1267.91	
总计	—	—	17 902.56	76 841.98	15 405.40	110 149.94	110 149.94

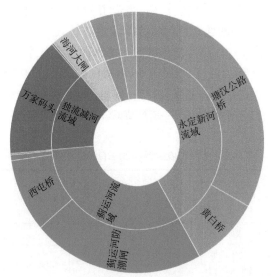

■ 引滦引江流域   ■ 蓟运河流域   ■ 永定新河流域   ■ 海河干流流域   ■ 独流减河流域   ■ 南四河流域

图 4.17　天津市农村污染源 COD 排放量流域分布图

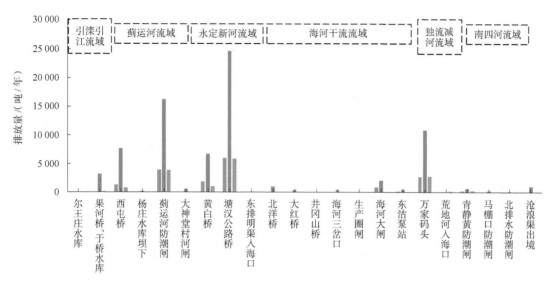

图 4.18　天津市各类农村污染源分河流断面 COD 排放量分布图

2017 年,天津市农村污染源氨氮排放量合计 2.05 万吨,同样主要集中在永定新河水系塘汉公路桥、蓟运河水系蓟运河防潮闸、独流减河水系万家码头等断面汇水区域。

按污染来源划分,农村污染源氨氮排放量主要来源于农田种植,排放量达 1.13 万吨;畜禽养殖、农村生活氨氮排放量分别为 5 633.23 吨、3 593.06 吨。按汇水区域划分,塘汉公路桥、蓟运河防潮闸、万家码头是农村污染源氨氮排放的主要来源,如表 4.9,图 4.19,图 4.20 所示。

表 4.9　天津市农村污染源氨氮排放量分布表

单位:吨/年

序号	所在水系	汇水区域	农村生活氨氮直排量	畜禽养殖氨氮排放量	农田种植氨氮排放量	农村氨氮排放量	水系农村氨氮排放量
1	引滦引江水系	尔王庄水库	—	—	—	—	295.57
2		果河桥、于桥水库库中心、于桥水库出口	—	213.50	82.07	295.57	
3	蓟运河水系	西屯桥	278.61	474.87	594.30	1347.78	6 520.44
4		杨庄水库坝下	—	22.98	7.69	30.67	
5		蓟运河防潮闸	789.14	1 552.70	2 632.56	4 974.40	
6		大神堂村河闸	19.70	82.48	65.41	167.59	
7	永定新河水系	黄白桥	378.16	433.63	711.21	1 523.00	8 334.32
8		塘汉公路桥	1 206.56	1 628.21	3 976.55	6 811.32	
9		东排明渠入海口					

续表

序号	所在水系	汇水区域	农村生活氨氮直排量	畜禽养殖氨氮排放量	农田种植氨氮排放量	农村氨氮排放量	水系农村氨氮排放量
10	海河干流水系	北洋桥	6.28	55.11	13.12	74.51	1 465.72
11		大红桥	22.73	41.14	21.69	85.56	
12		井冈山桥	—	—	—	—	
13		海河二茅口	—	49.67	10.79	60.46	
14		生产圈闸	7.87	0.06	15.69	23.62	
15		海河大闸	188.36	162.60	535.43	886.39	
16		东沽泵站	41.21	56.04	237.93	335.18	
17	独流减河水系	万家码头	550.89	678.25	1 899.69	3 128.83	3 289.61
18		荒地河入海口	—	—	160.78	160.78	
19	南四河水系	青静黄防潮闸	62.12	51.64	211.93	325.69	618.97
20		马棚口防潮闸	16.27	26.91	68.85	112.03	
21		北排水防潮闸	4.26	5.67	9.93	19.86	
22		沧浪渠出境	20.90	97.77	42.72	161.39	
总计	—	—	3 593.06	5 633.23	11 298.34	20 524.63	20 524.63

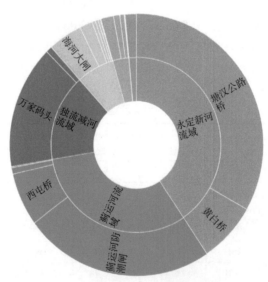

■引滦引江流域　■蓟运河流域　■永定新河流域　■海河干流流域　■独流减河流域　■南四河流域

图 4.19　天津市农村污染源氨氮排放量流域分布图

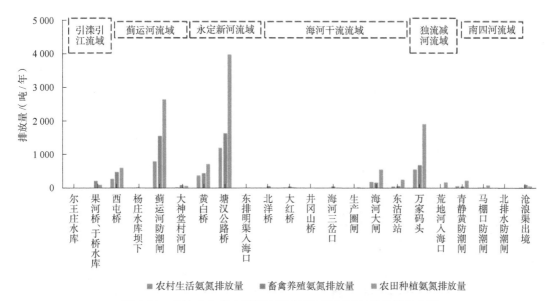

图 4.20　天津市各类农村污染源分河流断面氨氮排放量分布图

畜禽养殖污染源是农业污染源的重要组成部分,其主要来自规模化畜禽养殖场、畜禽养殖专业户和畜禽养殖散户。其中,规模化畜禽养殖的 COD 和氨氮排放量分别占畜禽养殖排放量的 50.94% 和 63.45%;其次来源为畜禽养殖专业户,分别占 34.01% 和 24.94%;其余来源为畜禽养殖散户。这 3 类污染源的 COD 和氨氮主要分布断面及相对占比与农村污染源 COD 和氨氮主要分布及相对占比趋势基本相同,主要集中在塘汉公路桥和蓟运河防潮闸等断面汇水区域,如图 4.21、图 4.22 所示。

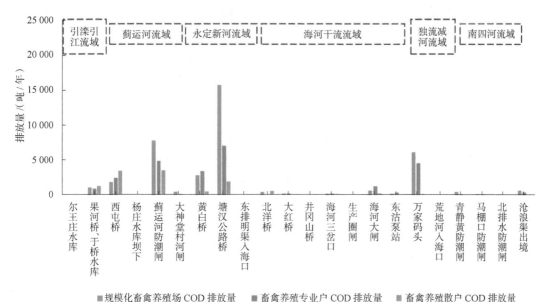

图 4.21　天津市畜禽养殖污染源分河流断面 COD 排放量分布图

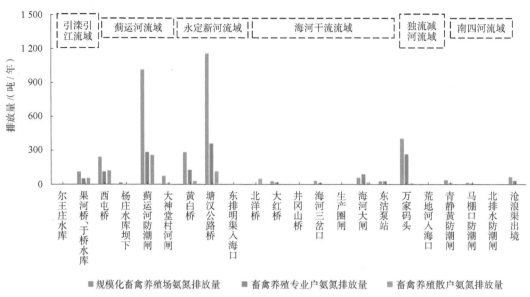

图 4.22　天津市畜禽养殖污染源分河流断面氨氮排放量分布图

4.3　入海河流污染负荷情况

根据前文对城市水污染源排放情况的分析,结合各汇水区的实际情况,本节测算天津市各主要水系的水污染物入河量情况。

4.3.1　蓟运河

2017 年,蓟运河流域化学需氧量和氨氮入河量分别为 16 757 吨、1 389 吨。其中,以化学需氧量为例,农村农业源排放在各类污染来源中占比最大,占比约为 72%;其次为城镇生活源排放,在各类污染来源中占比约为 19%。以氨氮为例,农村农业源排放在各类污染来源中占比最大,占比约为 83%;其次为城镇生活源排放,在各类污染来源中占比约为 11%,详见表 4.10。

表 4.10　蓟运河各类污染源主要污染物排放情况

排放源	化学需氧量 / 吨	氨氮入河量 / 吨
工业企业	1 564.5	77.7
城镇生活	3 234.4	153.9
农村农业	11 957.8	1 157.0
总计	16 756.7	1 388.6

4.3.2　永定新河

2017 年,永定新河汇水区域内化学需氧量、氨氮入河量分别约为 23 269 吨、1 680 吨。

其中,以化学需氧量为例,农村农业源排放在各类污染来源中占比最大,占比约为52%;其次为城镇生活源排放,在各类污染来源中占比约为40%,详见表4.11。

表4.11 永定新河各类源主要污染物排放情况

排放源	化学需氧量 / 吨	氨氮入河量 / 吨
工业企业	1 756.4	87.3
城镇生活	9 482.38	491.91
农村农业	12 029.9	1 100.95
总计	23 268.68	1 680.16

4.3.3 海河干流

2017年,海河干流汇水区域内化学需氧量、氨氮入河量分别约为3 736吨、290吨。其中,以化学需氧量为例,城镇生活源排放在各类污染来源中占比最大,占比约为73%;其次为农业农村源排放,在各类污染来源中占比约为18%,详见表4.12。

表4.12 海河干流各类污染源主要污染物排放情况

排放源	化学需氧量 / 吨	氨氮入河量 / 吨
工业企业	329.42	16.47
城镇生活	2 732.23	194.78
农村农业	674.84	78.39
总计	3 736.49	289.64

4.3.4 独流减河

2017年,独流减河流域化学需氧量和氨氮入河量分别约为16 192吨和1 424吨。其中,农村农业源排放在各类污染来源中占比最大,化学需氧量、氨氮入河量占比分别为65%和81%;其次为城镇生活源排放,占比分别约为31%和17%,详见表4.13。

表4.13 独流减河各类污染源主要污染物排放情况

排放源	化学需氧量 / 吨	氨氮入河量 / 吨
工业企业	755.3	26.6
城镇生活	4 973.6	239.3
农村农业	10 463.1	1 158.3
总计	16 192.0	1 424.2

4.3.5 南四河

2017 年,青静黄排水渠汇水区域化学需氧量和氨氮入河量分别约为 2 112 吨和 176 吨。农村农业源排放在各类污染来源中占比最大。其中,水产养殖源排放的化学需氧量在农村农业源排放中占比最大,约为 42%,其次为农田种植和畜禽养殖,占比分别约为 23% 和 20%;农田种植源排放的氨氮在农村农业排放源中占比最大,占比约为 54%,其次为水产养殖和农村生活,占比分别约为 23% 和 11%,详见表 4.14。

表 4.14 青静黄排水渠各类污染源主要污染物排放情况

排放源		化学需氧量 / 吨	氨氮入河量 / 吨
工业企业		26.2	1.6
城镇生活		141.6	7.1
农村农业	农村生活	165.0	18.7
	畜禽养殖	424.9	12.1
	农田种植	477.6	95.5
	水产养殖	877.0	40.6
总计		2 112.3	175.6

2017 年子牙新河流域内化学需氧量、氨氮入河量分别为 124 吨、12 吨,均来自农村农业源排放。见表 4.15。

表 4.15 子牙新河各类污染源主要污染物排放情况

排放源	化学需氧量 / 吨	氨氮入河量 / 吨
工业企业	—	—
城镇生活	—	—
农村农业	124	12
总计	124	12

2017 年,北排水河汇水区域的污染物主要来自农村农业,化学需氧量、氨氮入河量分别约为 851 吨、45 吨。其中,水产养殖源排放的化学需氧量占比最大,占比约为 93%;其次为农村生活源,占比约为 4%。对于氨氮入河量,水产养殖源排放占比最大,占比约为 81%,其次为农田种植源,占比约为 11%,详见表 4.16。

表 4.16　北排水河各类污染源主要污染物排放情况

排放源		化学需氧量 / 吨	氨氮入河量 / 吨
城镇生活		—	—
农村农业	农村生活	29.9	3.38
	畜禽养殖	8.69	0.25
	农田种植	23.6	4.72
	水产养殖	789.29	36.52
合计	—	851.48	44.87

2017 年,沧浪渠汇水区域的污染物主要来自农村农业,化学需氧量和氨氮入河量分别约为 283 吨、13 吨,详见表 4.17。

表 4.17　沧浪渠各类污染源主要污染物排放情况

排放源	化学需氧量 / 吨	氨氮入河量 / 吨
工业企业	—	—
城镇生活	—	—
农村农业（水产养殖）	282.9	13.1
合计	282.9	13.1

第五章 地表水环境问题系统分析

本章系统分析了天津市地表水环境问题,从水环境质量、产业结构、污染治理设施、监管能力等方面进行深入研究,并结合水系特征,详细分析每个水系的水环境问题,以期为城市碧水保卫战找到治理方向。

5.1 环境质量总体不容乐观

5.1.1 饮用水水源安全仍然存在隐患

"十二五"以来,受上游和本地影响,于桥水库饮用水水源水质不稳定。2018年全市农村集中式饮用水水源存在原水水质达标率低、缺乏良性运行机制等问题,严重威胁天津市饮用水安全。

1. 于桥水库饮用水水源水质不稳定

作为城市重要饮用水水源地之一的于桥水库曾在2015年6月、9月经历了2次蓝藻暴发,蓝藻数量最高值达到8 000万个/升,并于2016年6月再次暴发蓝藻。此外,引滦上游来水总磷输入长期积累,使得于桥水库底泥中的总磷浓度呈现上升趋势。

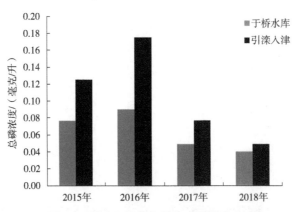

图 5.1 引滦入津与于桥水库总磷浓度对比

2. 农村饮用水安全存在隐患

2018年,天津市相关区千人以上农村集中式饮用水水源调查评估结果显示,农村水源存在原水水质达标率低、规范化建设程度不高和缺乏良性运行机制等问题。2018年,天津市千人以上农村集中式饮用水水源地原水水质达标率约40%,不达标的指标主要为氟化物、总砷、钠、pH值、碘化物、色度、细菌总数、氯化物、耗氧量、总大肠菌群,其中总砷超标水源主要集中在武清区、宁河区和北辰区,钠超标水源主要集中在静海区、北辰区和武清区。

5.1.2 水资源短缺、生态用水量不足

1. 人均水资源量严重不足

2017 年,我国人均水资源量约为 2 000 立方米,海河流域人均水资源量为 240 立方米,而天津市人均水资源量约为 100 立方米,仅为全国人均水资源量的 1/20,是人均水资源量最少的城市之一,如图 5.2 所示。

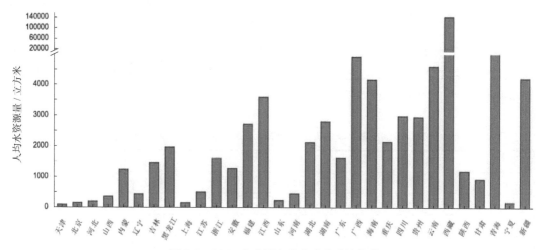

图 5.2 2017 年全国各省市人均水资源量

2. 上游来水水质较差

天津市地处海河流域的最下游,被动承接上游来水,水少、质差问题突出,"十三五"初期,34 条入境河流中(不含引滦、引江),1 条长期断流,2 条常年干涸,10 条为《地表水环境质量标准》(GB 3838—2002)中 V 类以上水质,21 条为劣 V 类水质。

3. 城市供水对外依存度高

自 2014 年 12 月南水北调中线工程通水至 2017 年,南水北调工程已累计向天津市供水 30 余亿立方米,超过天津市年度调水配额。2018 年天津市外调引江水占地表水源供水的 57%。城市供水水源具有依赖性、单一性、脆弱性强等特点,矛盾突出。

4. 达标生态水量严重不足

生态补水是改善河湖水环境质量的一项重要保障措施,天津市生态水大部分来自上游或本地雨洪水,来水量较为集中且水质不能满足要求。引江、引滦双水源虽能基本满足天津市的生产、生活用水需求,但生态水资源仍严重不足。2018 年,天津市积极协调水利部争取引滦、引江生态用水指标,充分利用雨洪水,累计向重点河道补充优质水源 10.65 亿立方米,但这仅能改善部分重点河道水质。

由于受上游来水减少、产业结构问题导致农业取用水不合理、污水入河以及闸坝阻隔等因素的影响,天津市河流普遍存在生态用水被挤占、河流纵向连通性差、生态系统退化等问题。这些问题破坏了河床或滩地植被,大大降低了河道的自净能力。

5.1.3　水环境质量仍不容乐观

天津市地处海河流域最下游,一方面本地水资源严重短缺,另一方面入境水量不均,河道生态基流量小、无自净能力,这些因素制约了水环境质量的改善,海河、独流减河基本成为"河道式水库"。尽管全市围绕截污治污、清淤、绿化等方面实施了大量工程,水环境质量呈明显改善趋势,但水资源禀赋差导致水环境质量并未得到根本改善。

2017 年,天津市纳入考核的 64 条主要河流中国考市考断面劣 V 类水体仍占 1/3,农村地区现存黑臭水体 500 余条(个)。天津市地表水优良水体比例比全国平均水平低近 30 个百分点,劣 V 类水体比例比全国平均水平高近 15 个百分点,水环境质量的改善工作任重道远。此外,虽然 2018 年上半年全市地表水考核断面(如表 5.1 所示)出现明显好转,但与国家要求的"十三五"期间入海河流消劣任务相比,仍然有较大差距,消劣任务艰巨。

表 5.1　2018 年上半年天津市地表水国考和市考均为劣 V 类的断面

序号	所在水体	断面名称	入海通道	断面属性
1	中泓故道	丁庄桥	永定新河	市控
2	机场排水河	盖模闸	永定新河	市控
3	新开—金钟河	金钟河桥	永定新河	市控
4	月牙河	成林道	永定新河	市控
5	月牙河	满江桥	永定新河	市控
6	月牙河	岷江桥	永定新河	市控
7	北塘排水河	北塘桥	永定新河	市控
8	北塘排水河	永和闸	永定新河	市控
9	卫津河	七里台	海河	市控
10	中亭河	大柳滩泵站桥	独流减河	市控
11	卫河	万达鸡场闸	独流减河	市控
12	陈台子排水河	华苑西路桥	独流减河	市控
13	陈台子排水河	复康路桥下/迎水桥	独流减河	市控
14	北大港水库	北大港水库出口	独流减河	市控
15	独流减河	万家码头	独流减河	国控
16	子牙新河	马棚口防潮闸	子牙新河	国控
17	北排水河	北排水河防潮闸	北排水河	国控
18	付庄排干	大神堂村河闸	付庄排干	市控
19	大沽排水河	鸭淀水库二期泵站	大沽排水河	市控
20	大沽排水河	石闸	大沽排水河	市控
21	大沽排水河	东沽泵站 大沽排水河防潮闸	大沽排水河	市控
22	荒地河	荒地河入海口	荒地河	市控

5.1.4　河流水生态功能总体较弱

1. 全市水系循环不畅

全市二级河道、干渠设有大量闸坝,存在"非汛期纳污,汛期集中排污"问题。部分河道内源污染问题突出,沿岸垃圾堆存,河道底泥淤积,水系循环不畅,水体流动性差、失去自净能力。青静黄排水渠、沧浪渠等河渠两岸存在大规模水产养殖情况,大引大排,且无治理设施,影响河流水生态功能。

2. 城市面源污染突出

城市下垫面硬化比例高,导致降雨径流系数较高。相关研究显示,在降雨初期的600~1 000 s,80%~90%的面源负荷被径流带走。初期雨水径流中含有大量污染物质,直接排入水体将造成水体污染。通过分析自动站的数据可知,天津市初期雨水污染问题突出。以中心城区"十三五"期间某汛期为例,暴雨后的卫津河、四化河、津河、月牙河、南运河和海河6条河流的水质明显恶化,水质从《地表水环境质量标准》(GB 3838—2002)中的Ⅱ~Ⅲ类迅速降至劣Ⅴ类。氨氮、化学需氧量、总磷、高锰酸盐指数等指标较降雨前分别升高了217倍、13倍、1.6倍和1.4倍,如表5.2所示。

表5.2　中心城区相关断面降雨前后污染物浓度变化情况

序号	自动站名称	所在水体	雨后污染物浓度峰值较降雨前升高倍数			
			氨氮	总磷	化学需氧量	高锰酸盐指数
1	纪庄子桥	卫津河	1 028	52.0	2.8	1.30
2	仁爱濠景	四化河	472	11.0	2.7	3.60
3	井冈山桥	南运河	139	9.5	—	2.20
4	西横堤		60	6.5	1.8	1.08
5	西营门桥	津河	82	2.6	1.4	3.50
6	八里台		78	29.0	8.2	4.80
7	成林道	月牙河	49	6.4	1.7	1.70
8	满江桥		45	3.3	1.3	1.50
9	光明桥	海河	13	4.4	1.7	1.50

3. 建成区外黑臭水体数量众多

全市建成区以外的农村、城乡接合部等区域共发现沟渠坑塘等各类黑臭水体500余处,特别是蓟州区、北辰区、宝坻区等的数量较多。

4. 湿地面积不断减少,生态功能不断退化

受降水减少等自然因素的影响,天然湿地面积不断萎缩。一方面,海河上游大范围兴修水库,挖渠引水入海,人口骤增,大量占用水资源等使湿地水资源补给大幅减少;另一方面,围垦使大量天然湿地消失或转变为人工湿地。同时,天津市湿地生态系统水环境质量不容乐观,部分湿地水质为Ⅴ类,仅少数湿地水质为Ⅳ类及以上。以上情况的存在大大削弱了湿

地生态系统功能,湿地生物资源总量及种类减少,调蓄洪水、碳汇功能、景观作用等也大打折扣。

5.2　产业结构偏重、排污强度偏高

5.2.1　全市产业结构仍然偏重

工业是天津市经济发展的主要驱动力,工业拉动经济发展的态势依然明显,重工业比例过大。2017 年,全市工业增加值为 6 962.71 亿元,占天津市地区生产总值的 37%,是 4 个直辖市中工业占比最高的城市,且大大高于同期北京市(占比 14.7%)、上海市(占比 26.6%)及重庆市(占比 29.5%)的水平,也高于同期全国的平均水平(占比 33.9%)。在京津冀区域范围内的 10 个重要城市中,天津市的工业产值在国内生产总值(GDP)中的占比也仅次于唐山市,明显高于其他城市。

如图 5.3 所示,天津市的工业结构中重工业的占比较高,连续多年保持在 70%~80%,轻、重工业发展极不均衡,尤其是石化、化工、冶金等重化工行业飞速发展。截至 2017 年,天津市粗钢生产能力仍超过 2 500 万吨 / 年,比工业战略东移时期的产量(400 万吨 / 年)扩大了 5 倍。重工业产值高,对 GDP 发展的贡献率大,但其能源消耗量、污染物排放量、能源强度均较大。

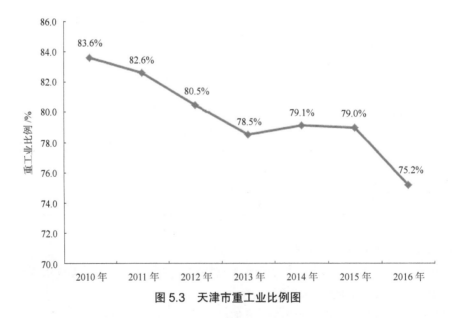

图 5.3　天津市重工业比例图

5.2.2　部分行业废水及污染物排放绩效低

在工业废水排放强度方面,2017 年的天津市环境统计数据显示,全市工业废水平均排放强度为 1.27 万吨 / 亿元。高于全市平均排放强度的行业有 9 个,这 9 个行业的工业废水

排放量合计占全市工业废水排放总量的 36%。造纸和纸制品业、纺织业、化学原料和化学制品制造业分别是全市工业废水平均排放强度的 5.27 倍、5.05 倍、3.93 倍，如图 5.4 所示。

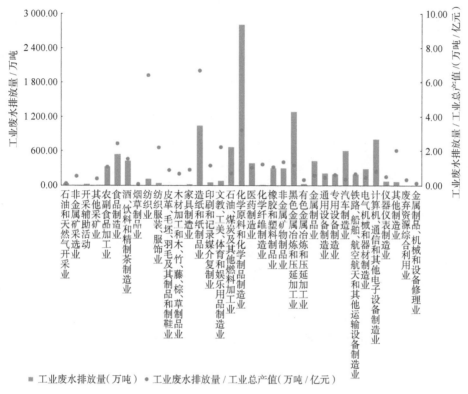

图 5.4　全市工业行业大类单位工业总产值废水排放量

在化学需氧量排放强度方面，2017 年的天津市环境统计数据显示，全市工业化学需氧量平均排放强度为 0.57 吨 / 亿元。高于全市平均排放强度的行业有 15 个，这 15 个行业的化学需氧量排放量合计占全市排放总量的 65%。纺织业，造纸和纸制品业，纺织服装、服饰业分别是全市工业化学需氧量平均排放强度的 8.63 倍、6.09 倍、5.23 倍，如图 5.5 所示。

在氨氮排放强度方面，2017 年的天津市环境统计数据显示，全市工业氨氮平均排放强度为 0.03 吨 / 亿元。高于全市平均排放强度的行业有 14 个，这 14 个行业的氨氮排放量合计占全市排放总量的 72%。皮革、毛坯、羽毛及其制品和制鞋业，纺织业，造纸和纸制品业分别是全市工业氨氮平均排放强度的 16 倍、11 倍、10 倍，如图 5.6 所示。

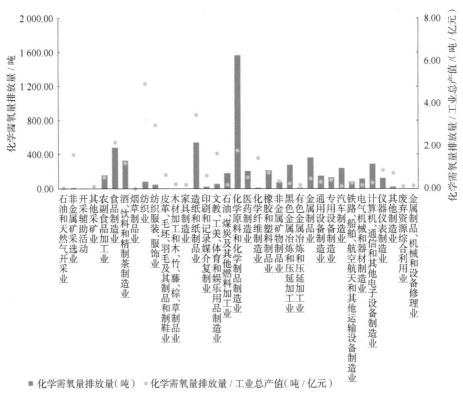

图 5.5　全市工业行业大类单位工业总产值化学需氧量排放量

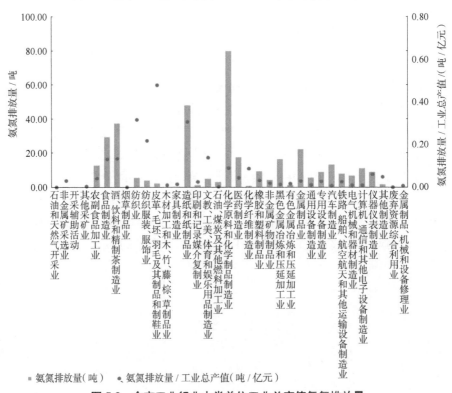

图 5.6　全市工业行业大类单位工业总产值氨氮排放量

5.3　城乡水污染治理设施能力存在差距

5.3.1　城镇污水处理能力有待提升

1. 城镇污水收集与处理能力不足

自"水十条"实施以来,天津市全市基本完成了 110 座污水处理厂的提标改造,并且不断新建、扩建污水处理厂。但是,天津市污水收集处理能力与国内其他城市相比仍有差距,如表 5.3 所示。2017 年,天津市全市人均污水处理设计能力为 187 升 / 日,远低于北京市、上海市等城市。其中,中心城区张贵庄污水处理厂、蓟州区上仓污水处理厂等超负荷运行,造成局部地区出现污水外溢现象,影响地表水环境质量。

表 5.3　2017 年国内主要城市污水处理厂建设基本情况表

城市名称	污水处理厂设计能力 /(万吨 / 日)	人均污水处理设计能力 /(升 / 日)	污水处理率 /%
天津市	290.5	187	92.60
北京市	665.6	307	97.50
上海市	826.0	323	94.50
南京市	230.8	277	96.26
杭州市	188.7	199	95.25

受污水处理设施建设重厂轻网、区域开发进度慢等因素影响,2017 年天津市全市仍有南排河污水处理厂等多个污水处理厂运行负荷率低于 60%。它们分布在滨海新区、武清区、静海区、宁河区等区,如表 5.4 所示。

表 5.4　天津市部分运行负荷率低的污水处理厂运行情况

序号	行政区	污水集中处理设施名称	设计能力 /(万吨 / 日)	实际处理量 /(万吨 / 日)	运行负荷率 /%
1	滨海新区	北疆污水处理厂	0.40	0.09	22.5
2	滨海新区	渤海石油港区污水处理厂(中海石油)	0.18	0.05	27.8
3	滨海新区	天津空港扩展区污水处理厂	1.50	0.70	46.7
4	滨海新区	塘沽西部新城中水处理站	2.60	1.00	38.5
5	滨海新区	太平示范镇(一期)还迁区污水处理厂	0.15	0.04	26.7
6	滨海新区	南排河污水处理厂	5.00	1.00	20.0
7	武清区	天津京滨污水处理有限公司	0.70	0.30	42.9
8	武清区	天津武清福源经济开发区污水处理厂	0.25	0.10	40.0
9	武清区	天津武清汽车零部件产业园	1.00	0.30	30.0
10	武清区	国中润源污水处理厂	1.00	0.30	30.0

序号	行政区	污水集中处理设施名称	设计能力 / （万吨 / 日）	实际处理量 / （万吨 / 日）	运行负荷率 / %
11	武清区	城关第一污水处理厂	0.75	0.10	13.3
12	武清区	高村镇污水处理厂	0.30	0.10	33.3
13	武清区	梅厂镇污水处理厂	0.40	0.10	25.0
14	武清区	天和城污水处理厂	1.00	0.45	45.0
15	静海区	滨港电镀园区污水处理厂	0.80	0.15	18.8
16	静海区	唐官屯镇第一污水处理厂	0.40	0.06	15.0
17	静海区	滨港高新铸造工业区污水处理厂	0.50	0.15	30.0
18	静海区	子牙循环经济产业区污水处理厂	1.00	0.30	30.0
19	静海区	团泊新城西区污水处理厂	1.00	0.15	15.0
20	宁河区	宁河现代产业区污水处理厂	1.00	0.30	30.0

2. 建成区排水管网基础设施存在短板

天津市 16 个行政区雨污管网合流、错接混接现象普遍，中心城区仍有 3 000 余个雨污混接点，红桥区、静海区、宁河区等建成区中合流制片区较多，汛期排污对河道水质影响大。此外，全市建成区仍有污水管网空白区，部分城乡接合部存在生活污水直排现象。

5.3.2　农业农村污水治理设施存在短板

天津市农业农村污水治理设施问题较多，一是全市仍有约 1 000 个现状保留农村的污水没有得到治理，村内废水直排周边沟渠和坑塘；二是尚有约 500 家规模化畜禽养殖场未配备、建设粪污治理设施，2 000 余家畜禽养殖专业户的粪污也未得到妥善治理和资源利用，已建成的污水处理设施也存在建而不运、建而不管等问题。规模化畜禽养殖场的粪污治理能力弱、水平低和资源化利用程度不高。

1. 畜禽养殖粪污治理设施资源化利用水平不高

"十三五"初期，天津市全市畜禽养殖污染治理项目中的多数治理项目仅为建立粪污贮存池，尚未建立有效的粪污回收处置体系，畜禽粪污农田利用"最后一公里"问题没有得到彻底解决，多数粪污堆存经简易处理后直接还田。

2. 种植业有机肥使用率不高

"十三五"初期，天津市全市有机肥产业化步伐缓慢，有机肥处理网点少，种植业有机肥利用率不高，仍以化肥为主。

3. 农村污水治理设施仍然不足

农业种植使用的农药、化肥以及水产、畜禽养殖等造成的农村面源污染普遍存在，此外还有 1 058 个村庄未建污水处理设施，这些都阻碍了天津市河湖水环境的改善。此外，由于农村污水治理设施运营经费和制度保障不完善等原因，造成污水处理设施不运行或不稳定运行。已建成的农村污水处理设施多数运营效果不佳，具体表现为建成未运行；建成未移交、验收,运行不稳定,粪便水收集入户难等。

4.全市水产养殖污染存在隐患

全市淡水养殖面积约 2.67 公顷,生态养殖模式少,过度投饵情况较为普遍,尾水治理设施配备不足。部分养殖场从河道取水补水,并将养殖尾水直接排入周边河流,尾水中的氮、磷类污染物对水生态、水环境造成影响。此外,非法养殖、无证养殖等问题依然存在。

5.4 环境监管能力仍有待提升

5.4.1 入河排污口管控水平亟须完善

按照《深化党和国家机构改革方案》的要求,入河排污口设置的管理职责被整合至生态环境局,实现了从污染源到排入水体的全链条管理。机构改革后,生态环境局对入河排污口设置工作有了新的职责,管理需求也发生了相应的变化。2019 年的调查数据显示,天津市有约 3 000 个各类入河排污口,分布在各级河道上,如表 5.5 所示。未来对排污口如何实行有效的监管、开展入河排污口溯源治理等,清理整顿各类违法设置的入河排污口,亟须进一步完善。

表 5.5 全市入河排污(水)口情况统计表

序号	行政区	企事业单位排放口	污水处理设施排放口	农业农村排放口	建成区雨水排放口	企事业单位雨水排放口	农村雨水排放口	雨污水混排口
1	东丽区	19	7	6	25	19	139	10
2	津南区	3	9	6	36	5	18	4
3	宝坻区	0	53	0	18	18	62	59
4	蓟州区	4	2	35	46	3	21	19
5	静海区	2	24	9	218	8	1	13
6	宁河区	6	5	173	2	2	20	0
7	滨海新区	34	9	16	68	41	253	59
8	南开区	0	0	0	44	4	0	0
9	和平区	0	0	0	10	0	0	8
10	河北区	2	0	0	24	0	0	10
11	河东区	0	1	0	66	0	0	0
12	河西区	0	0	0	80	0	0	1
13	红桥区	0	0	0	30	0	0	5
14	北辰区	0	9	4	21	7	97	158
15	武清区	4	11	6	34	5	172	2
16	西青区	11	4	62	35	27	298	509
合计	—	85	134	317	757	139	1 081	857

5.4.2　污染通量监测尚不具备

"十三五"期间,天津市水环境监测断面包括:入境河流(断面)37个,境内国考和市考断面共计92个,分布在64条主要河流;境内水文站点约66个,分布在潮白新河等20余条主要河流上。12条入海河流中仍有北排水河、子牙新河、大沽排水河、荒地河、东排明渠5条入海河道尚未建设水文监测设施,开展水量监测仍需克服技术等方面的限制。水文、水质同步监测网络尚未建立,无法实现污染物通量监测。

5.4.3　基层环境执法力量薄弱

随着水污染防治力度的加大,基层执法监管专业化、信息化的要求也越来越高。目前,各区乡镇层面环境执法、监测力量薄弱的问题依然存在,人员少、装备差,工作人员对环保法律法规、生产工艺、产业政策不熟悉,存在不同程度的监管不规范、执法不到位等问题,与当前日益繁重的执法监管任务不相符。

此外,水污染防治工作中还存在部分治污主体责任落实不到位的问题,具体表现在:一是个别企业重经济效益、轻环境保护,污染治理投入不足,污水处理设施无法稳定运行,存在偷排现象;二是城镇污水处理厂存在运行不稳定现象,2018年天津市全市纳入环保监督性监测的72家污水处理厂中,有12家污水处理厂超标3次以上;三是农村治污主体环保意识薄弱,污水处理站、畜禽养殖场等排污单位达标排放意识不强。

5.5　分水系主要环境影响因素诊断

5.5.1　蓟运河主要问题

(1)农村污水处理设施建设及管理不健全。农村污水管网建设覆盖不全,仍有村尚未建设污水处理设施,存在农村生活污水直排现象。污水治理设施运维管理不到位,部分已建成的农村生活污水处理站设施的运维得不到保障,管理不规范,不能保证污水处理设施稳定运行。

(2)流域内城镇雨污合流现象普遍存在。一方面造成河道污染,污水通过雨水管道排入河道,引起水体黑臭;另一方面影响污水收集管道运行,雨水大量流入污水管道,雨污水混合进入污水管网内将直接影响管网污水输送能力,造成污水冒溢、道路积水、窨井盖移位等现象,存在较大安全隐患。

(3)部分入境河流污染较重,主要是武河、沟河下游段污染较重。部分时间新安镇监测断面未达到地表水V类标准,其中氨氮和总磷超标严重,对蓟运河入海断面持续稳定达标造成较大压力。

5.5.2　永定新河主要问题

（1）入境污染严重。2017 年的水质监测数据显示,永定新河汇水区内的龙北新河、龙河、凤河西支、安武排渠、永定河等入境河流水质类别为劣 V 类,主要污染因子为总磷和氨氮,入境断面水质超标严重,入境污染负荷较大。

（2）城镇污水及排水设施存在短板。汇水区内中心城区及环城四区地域城镇生活源突出,汇水范围内存在部分区域管网雨污合流现象,导致汛期污水直排。农村污水处理设施不完善、不运行问题较为突出。农村污水管网建设覆盖不全,仍有百余个村尚未建设污水处理设施,导致农村生活污水直排,同时农村污水处理设施运维不到位,部分已建成的农村生活污水处理设施运维得不到保障、管理不规范,不能保证污水处理设施稳定运行。

（3）畜禽养殖污染仍是重要污染来源。畜禽养殖粪污资源化利用不足,部分规模化养殖场无粪污治理设施。部分畜禽养殖场（小区）治理设施及管网损坏,治理设施不能正常运行,无法实现达标排放;部分设施运行管理不到位,设施形同虚设。

（4）水产养殖污染不容忽视。宝坻区等远郊区现存大量水产养殖场,水产养殖密度高,产生过量的饵料、粪便等污染物,其定期排水会对水环境产生影响。此外,区域内部分河道、滩地存在种植作物,汛期对河道直接产生污染。

5.5.3　海河干流

（1）流域内水资源短缺,水体自净能力差。除海河干流自身较为稳定的生态用水水源以外,其他河道无稳定生态用水水源,主要来水水源为汇水区域内生产、生活排水和雨水。虽然可通过海河干流取水向部分河道补充少量生态用水,但受闸坝人工干预影响,其水通常存蓄于河道之中,缺乏流动性及自净能力,累积污染物通过汛期排水进入河道,影响区域水环境质量。

（2）城镇雨污管网基础设施建设短板显著。由于历史原因,天津市市内六区、滨海新区等区域普遍存在雨污合流、雨污管网串接混接情况,污染物在管网中持续累积,并在汛期随雨水直排进入海河干流及其支流,造成污染物冲击负荷。

（3）农村生活污水处理设施建设及稳定运行水平亟待提升。海河干流汇水区域内的部分行政村无生活污水处理设施,农村生活污水主要通过支流排入海河干流。同时,农村间歇性供水、经济技术等的局限性导致农村分散式污水处理设施运行维护困难,出水水质难以稳定达标,以马厂减河为代表的主要污水受纳水体的水质改善压力较大,进而影响海河干流水质。

5.5.4　独流减河

（1）流域生态用水短缺。独流减河流域地表水资源匮乏,常年无上游来水,汛期来水多为污水,河道水源主要为流域内生产、生活排水和汛期雨沥水,水体流动性差,自净能力不足。

（2）城乡污水处理设施不健全。城镇污水管网建设滞后,流域建成区范围内存在 14 处雨污合流区域,汛期污水直排;农村生活污水处理缺口较大,尚有 208 个村未建设污水处理设施,导致农村生活污水直排;污水治理设施运维管理不到位,部分已建成的农村生活污水处理站运维水平低、管理不规范,存在超标排放现象。

（3）农业养殖污水无序排放。独流减河沿岸水产养殖面积大且无序发展,存在"大引大排"、高浓度养殖废水集中直排的现象,严重影响水环境质量;汇水范围内畜禽普遍散养,粪污直排现象严重;规模化畜禽养殖粪污资源化利用不足,粪污治理设施建设及运维管理不到位,污水排放现象严重。

5.5.5 南四河

5.5.5.1 青静黄排水渠主要问题

（1）农村污水治理设施及管网建设存在短板。汇水区内农村污水管网建设覆盖不全,仍有一部分村尚未建设污水处理设施,导致农村生活污水直排。污水治理设施运维管理不到位,部分已建成的农村生活污水处理站设施的运维得不到保障、管理不规范,不能保证污水处理设施稳定运行。

（2）水产养殖污染和畜禽养殖污染仍是重要污染来源。汇水区内滨海新区现存较多水产养殖场,水产养殖密度高,产生过量的饵料、粪便等污染物,其排水会对水环境产生影响。畜禽养殖粪污资源化利用不足,部分规模化养殖场无粪污治理设施。粪污治理设施建设、运维管理不到位。部分畜禽养殖场（小区）治理设施及管网损坏,治理设施不能正常运行,无法实现达标排放;部分设施运行管理不到位,设施形同虚设。

（3）农田种植污染是不可忽视的污染来源。农田种植在汇水区内面积占比较高,化肥和农药施用不科学,会导致进入水中的氨氮量增加,加大水体污染负荷,造成水质下降。

5.5.5.2 子牙新河主要问题

（1）畜禽养殖污染较重。畜禽养殖粪污资源化利用不足,部分规模化养殖场粪污治理设施建设不到位、部分治理设施及管网存在损坏问题;污染治理设施运行管理不到位,无法保证污水处理设施正常运行。

（2）水产养殖污染影响较大。子牙新河沿线存在大量水产养殖场养殖密度过高,"大引大排"、过量投饵料、尾水未得到有效治理等问题,对水环境产生较大影响。

（3）农业种植污染不容忽视。子牙新河沿岸种植业面积较大,大量使用的农药和化肥随着降水产生的地表径流汇入河道,对水环境质量产生一定影响。此外,部分河段内存在作物种植现象,对河道直接产生污染。

（4）入境污染严重。"十三五"初期水质监测数据显示,子牙新河入境水质类别为劣Ⅴ类,主要污染因子为氨氮,入境污染负荷较大。

5.5.5.3 北排水河主要问题

（1）水产养殖污染影响最大。滨海新区北排水河汇水区现存大量水产养殖场,其水产养殖密度高,产生了过量的饵料、粪便等污染物。

（2）畜禽养殖污染不容忽视。畜禽养殖粪污资源化利用不足。

（3）农村生活污水直排。农村污水管网建设覆盖不全、污水治理设施运维管理不到位。少部分村尚未建设农村污水处理设施，导致农村生活污水直排进入河道。

5.5.5.4　沧浪渠主要问题

（1）水产养殖污染影响较大。沧浪渠沿岸的水产养殖场无序发展，导致养殖尾水经过泵站及堤涵直接排入河道污染水体，影响河道水环境质量。

（2）河道周边垃圾清理不及时。汇水区河道日常清理、管护不到位，存在垃圾堆放现象，日常清理和监管能力有待提高。

（3）农村污水治理不彻底。农村污水管网、污水治理设施覆盖不全，存在尚未建设污水管网的村庄。这些村庄无配套的排水管网和污水处理设施，居民生活污水就近排入沧浪渠，从而造成沧浪渠水质污染。

（4）汇水区内水量较少。河道内水量较少，沧浪渠汇水区主要依靠上游来水，主要补水为辖区内生产、生活排水和雨水，地表淡水资源匮乏。

第六章　天津市主要河道环境容量测算

在系统分析城市水环境、水污染问题的基础上,根据天津市全市主要河道的水环境质量目标,本项目研究污染物容量,设定各类污染源的污染物排放总量约束目标,控制污染物排放,从而有效解决城市水环境问题。本章结合天津市"十三五"时期地表水国考和市考断面分布情况,开展模拟研究,模拟测算包括入海河流在内的64条纳入国家和天津市各区的主要河道的环境容量。

6.1　模型选取

二／三维水动力计算模型已在国际上应用30多年,是荷兰三角洲研究院开发的计算模型。其曲面正交网格具有高度的计算效率和计算稳定性,支持长步长设置和并行计算。模型支持二维和三维自由表面流模拟,并且在二维模式中包含对垂直平面的模拟。模型包含湖泊、水库、河流、河口、海岸和海洋的水动力模拟,温、冷排水模拟,盐度入侵模拟。模型支持三维水工建筑物,如堰、门、涵洞、坝、孔洞、浮游及潮汐能发电等。模型考虑密度、科氏力、摩擦、反射、风、潮汐、降雨蒸发、波浪、切应力等各种因素;支持辐射应力计算;可以模拟物质的运输迁移,支持1 000条边界和99种物质同时计算;支持衰减率计算;支持二维紊流、三维紊流计算;支持高效稳定的干湿交换计算;支持QH条件、黎曼条件、纽曼条件;支持强大的热平衡计算;支持风暴潮模拟。

水质计算模式采用WAQ模式,该模式在国际上应用十分广泛,如荷兰、波兰、德国、澳大利亚、美国等,也是香港环境署和新加坡等地区和国家的标准计算模式。WAQ模式包含完整的水质过程数据库,包括示踪剂和温度、BOD、颗粒无机物、溶解无机物、有机物、藻类、细菌污染物、微量金属、有机微污染物、植被十大类数据;支持检测上千种小类物质;支持检测60余种水质反应过程,包含数万种组合的水质反应参数数据库。

本章以独流减河为例,说明模型创建及参数选择过程,主要包含以下7个步骤,流程如图6.1所示。

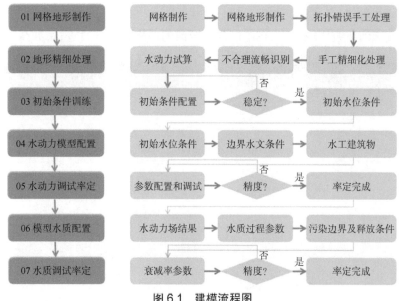

图 6.1　建模流程图

6.2　水动力模型构建

6.2.1　模型范围确定

1. 网格绘制

首先将已有的实测大断面的地理位置添加到 GIS 模型中,然后根据实测大断面的分布确定独流减河的研究河段,确定为由进洪闸(分为南闸和北闸)到工农兵闸(闸上),河段长约 67 千米的范围。

在 GIS 模型的全国天地图影像底图中,根据河道勾画轮廓,如图 6.2 所示。

图 6.2　独流减河河道轮廓及断面分布示意图

2. 网格地形制作

由于独流减河研究区域较大,在绘制独流减河的网格时需分段进行,如图6.3所示。

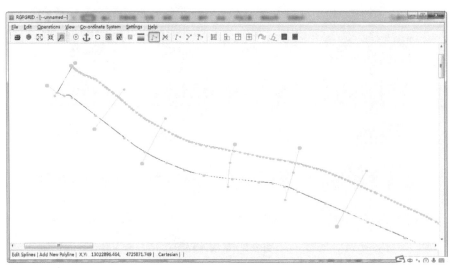

图6.3　分段绘制网格

分段绘制时,为了使后面进行网格粘贴时操作简单,应在设置时使 N 方向的网格数保持一致。粘贴网格,得到最终的网格文件。网格总数为 11 154 个,网格最小长度尺寸为 16 米,最大长度尺寸为 660 米。网格绘制完成图如图 6.4 所示。

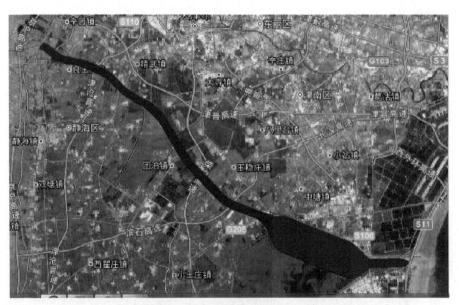

图6.4　独流减河建模网格绘制完成图

3. 地形制作

制作地形的资料有:①实测断面资料中,进洪闸(分为南闸和北闸)和工农兵闸的起点距及河底高程;②进洪闸到万家码头(闸上)的河底比降;③进洪闸滩地高程。

进洪闸至万家码头：根据已有的进洪闸的河底高程和进洪闸到万家码头的河底比降，可以大致计算出万家码头的河底高程，然后进行数据插值，得到进洪闸到万家码头的地形。

万家码头至工农兵闸：根据已经计算出来的万家码头的河底高程及工农兵闸的河底高程进行数据插值，得到初始地形；并手工细化独流减河河流地形不合理流场约 1 000 个。

最后得到最终的地形文件，如图 6.5 所示，河道地形的高程范围为 5~40 米。

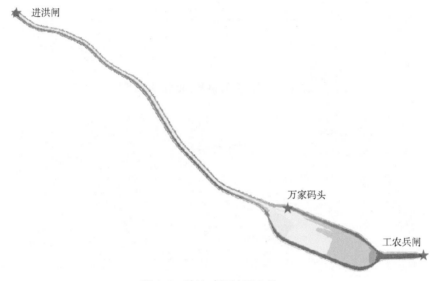

图 6.5　独流减河地形文件

4. 初始条件训练

初始条件直接影响模型前期计算的稳定性，不好的初始条件甚至会导致计算失败。模型计算的初始条件是选取的模型计算重启动条件。首先设置一个比较大的水位值，使得在该水位条件下整个研究范围均被淹没；然后不断地减小下游边界的水位值，直到下游的水深达到实际值并保持稳定，从而得到一个有利于模型计算的模型计算重启动条件。

5. 水动力模型配置

时间步长的选取会影响计算的速度，时间步长越长，计算花费的时间越短，但模型发散的可能性越大。由于 2012 年的水文数据最为全面且水量是近年来的丰水年，因此以 2012年的数据为基础，开展水文、水动力模拟研究。在既保证计算速度又保证计算模型的稳定性的情况下，模型的时间步长为 5 分钟。

6. 边界条件的设定

独流减河水动力模型共考虑两个入流边界：一是进洪闸（北闸），水位数据为进洪闸（北闸）站数据（参考资料：逐日平均水位表）；二是进洪闸（南闸），水位数据为进洪闸（南闸）站数据（参考资料：逐日平均水位表）。2012 年进洪闸（分为南闸和北闸）站月均水位如图 6.6和图 6.7 所示。

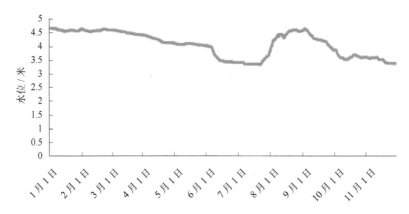

图6.6　2012年进洪闸(北闸)站月均水位

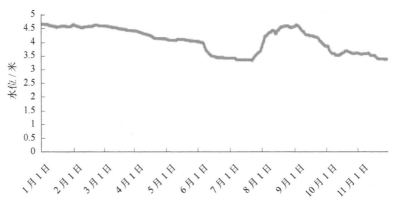

图6.7　2012年进洪闸(南闸)站月均水位

独流减河水动力模型考虑1个出流边界——工农兵闸,流量数据为工农兵闸(闸上)月均流量数据(参考资料:逐日平均流量表),如图6.8所示。

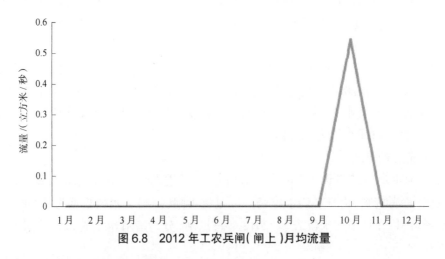

图6.8　2012年工农兵闸(闸上)月均流量

独流减河边界位置如图6.9所示。

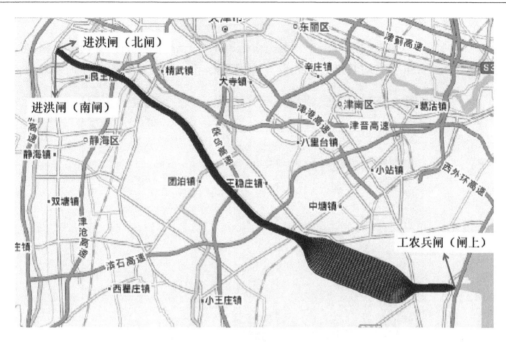

图 6.9　独流减河边界示意图

7. 释放条件

2017 年起,天津市对独流减河沿线的主要排水口门开展日常常规水质监测,建立了长系列的水质数据。因此,采用 2017 年 2 月至 10 月独流减河的 38 个排水口门的排放数据,开展水质建模分析。独流减河入河排水口门位置如图 6.10 所示。

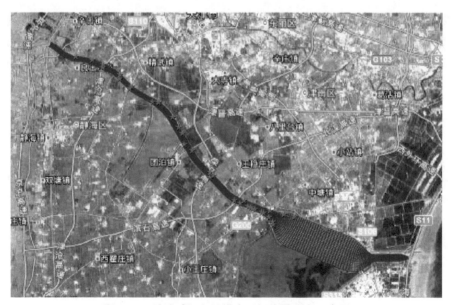

图 6.10　独流减河入河排水口门位置分布示意图

8. 水工建筑物

独流减河水动力模型模拟范围中含有一个橡胶坝,根据橡胶坝的主要技术指标,水工建筑物选取"Local weir",并对其进行参数设置,水工建筑物参数设置如图 6.11 所示。

图 6.11　水工建筑物参数设置

6.2.2　模型率定

取 2012 年 1—6 月独流减河万家码头水文站日均水位数据对模型进行率定,其底部粗糙度公式选择曼宁公式,不断调整曼宁 U、V 方向底图阻力系数值,直到模拟出的万家码头水位数值与实际监测值之间的差值在误差允许范围内,此时 U、V 方向底图阻力系数均设置为 0.01。万家码头水文站实测水位与模拟水位的对比如图 6.12 所示。

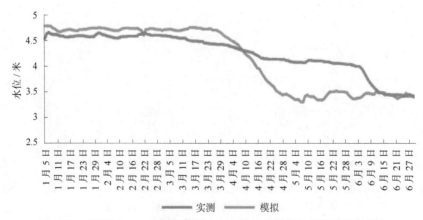

图 6.12　2012 年 1—6 月万家码头水文站实测水位与模拟水位的对比

6.2.3　结果验证

取 2012 年 7—12 月独流减河万家码头水文站日均水位数据对模型进行验证。从图 6.13 可知,万家码头模拟水位基本可以反映实际水位的变化情况。

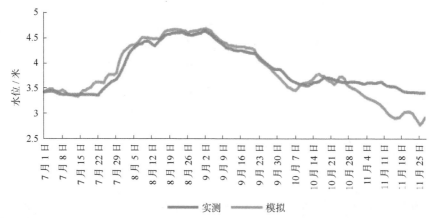

图 6.13　2012 年 7—12 月万家码头水文站实测水位与模拟水位的对比

6.2.4　结果合理性分析

由于实测的流速和水深是在某一时刻测得的,无法和日平均的流速和水深直接进行对比,需从流速和水深的范围进行合理性分析。由于独流减河仅在 7—8 月才会有可以测到的流速,因此选取 7—8 月进洪闸(南闸)实测数据进行分析,结果如图 6.14 所示。

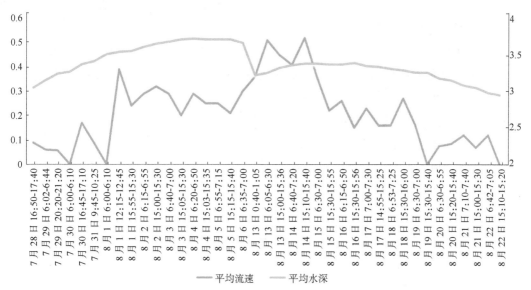

图 6.14　7—8 月进洪闸(南闸)实测平均流速和平均水深

根据进洪闸(南闸)7 月和 8 月部分时间实测流速和水深可知,大部分时间内进洪闸(南闸)的水深在 2~4 米之间,流速在 0.1~0.6 米每秒之间。而对应位置处模拟的水深和流速基本也在这一区间范围内,如图 6.15、图 6.16 所示。整体来看水动力模型模拟的结果与实际基本吻合。

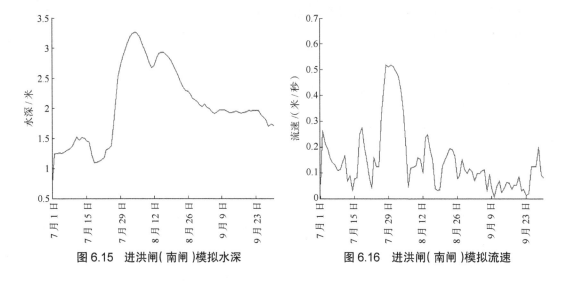

图 6.15　进洪闸(南闸)模拟水深　　　　　图 6.16　进洪闸(南闸)模拟流速

6.3　水质模型构建模拟

6.3.1　模型建模

在水动力模型模拟结果的基础上,加入水质参数以及对应的水质过程,确定水质过程参数。

1. 化学需氧量(COD_{Cr})

COD_{Cr} 在水体中的衰减过程考虑为一阶过程,默认情况下衰减系数为常数。它的衰减过程存在一个临界温度,当温度低于临界温度的,衰减率变为 0。其衰减过程参数如表 6.1 所示。

$$dC_1 = Rc \times C_1 \times Tc^{t-20}$$

式中　C_1——铬方法测定的 COD 浓度,克(O_2)/ 立方米;

　　　dC_1——C_1 的衰减通量,克 /(立方米·天);

　　　Rc——20 ℃的 COD 一阶衰减反应速率;

　　　Tc——COD 衰减反应的温度系数;

　　　t——水温,摄氏度。

表 6.1　COD_{Cr} 衰减过程参数表

水质参数	单位	参数取值
C_1——铬方法测定的 COD 浓度	克(O_2)/ 立方米	计算得出
dC_1——C_1 的衰减通量	克(O_2)/(立方米·天)	计算得出
Rc——20 ℃的 COD 一阶衰减反应速率	—	0.01(率定)

水质参数	单位	参数取值
Tc——COD 衰减反应的温度系数	—	1.02（数据库）
t——水温	摄氏度	14（实测数据平均）

2. 氨氮

氨氮在水体中的反应主要考虑硝化作用。硝化过程参数表如表 6.2 所示。

表 6.2　硝化过程参数表

水质参数	单位	参数取值
Cam——氨基盐浓度	克（N）/ 立方米	计算得出
fox——氧气限制函数	—	计算得出
k_1nit—— 一阶硝化率	天	0.01（率定）
$ktnit$——硝化作用的温度系数	—	1.02（数据库）
k_0nit——零阶硝化率	克（N）/（立方米·天）	0（数据库）
t——温度	摄氏度	计算得出
t_C——硝化作用的临界温度	摄氏度	3（数据库）
a——曲率系数	—	0（数据库）
Cox——溶解氧浓度，$\geqslant 0.0$	克 / 立方米	8.9（实测数据平均）
$Coxo$——最佳溶解氧浓度	克 / 立方米	5（数据库）
$Coxc$——临界溶解氧浓度	克 / 立方米	1（数据库）
$foxmin$——氧气限制函数的最小值	克 / 立方米	0（数据库）

硝化作用使铵在有氧的情况下转化成硝酸盐（不考虑中间产物亚硝酸盐）。

硝化反应看作零阶反应和 Michaelis-Menten 动力学过程之和，影响反应速率的为铵、溶解氧的量和温度。零阶反应速率在水体和泥沙中有不同的值。

对于硝化作用，当温度低于临界值的时候，只有零阶反应；溶解氧浓度低于临界值的时候，零阶反应速率为零。

$$NH_4^+ + 2O_2 + H_2O \Rightarrow NO_3^- + 2H_3O^+$$

$$Rnit = k_0nit + fox \times k_1nit \times Cam$$

$$k_1nit = \begin{cases} k_1nit^{20} \times ktnit^{(t-20)} \\ 0.0 \qquad\qquad\quad if \quad t < t_C \end{cases}$$

$$fox = \begin{cases} foxmin & if & Cox \leqslant Coxc \\ (1-foxmin) \times \left(\dfrac{Cox-Coxc}{Coxo-Coxc}\right)^{10^a} + foxmin & if & Coxc < Cox < Coxo \\ 1.0 & if & Cox \geqslant Coxo \end{cases}$$

式中　Cam——氨基盐浓度，克（N）/ 立方米；

fox——氧气限制函数；

$k_1 nit$——一阶硝化率；

$ktnit$——硝化作用的温度系数；

$k_0 nit$——零阶硝化率，克（N）/（立方米·天）；

t——温度，摄氏度；

t_C——硝化作用的临界温度，摄氏度；

a——曲率系数；

Cox——溶解氧浓度，$\geqslant 0.0$ 克/立方米；

$Coxo$——最佳溶解氧浓度，克/立方米；

$Coxc$——临界溶解氧浓度，克/立方米；

$foxmin$——氧气限制函数的最小值，克/立方米。

3. 磷

溶解态的磷酸盐（主要是 $H_2PO_4^-$）被悬浮的泥沙吸附（主要是三价态的氢氧化物，还有铝的氢氧化物、硅酸盐、锰的氧化物和有机物）。磷吸附过程参数表如 6.3 所示。磷的吸附过程有如下特点。

表6.3　磷吸附过程参数表

水质参数	单位	参数取值
$Kads$——磷吸附平衡常数	—	计算得出
$Kads^{20}$——20℃时磷吸附平衡常数	—	0.005（率定）
$ktads$——磷吸附过程温度系数	—	1.08（数据库）
t——温度	摄氏度	计算得出

磷酸盐的吸附与 pH 值有很大关系，pH 值越高，吸附能力越弱。

磷酸盐的吸附与温度和离子强度（盐度）也有关，模型中只考虑温度。

磷酸盐的吸附对于低浓度的溶解氧比较敏感；三价铁会变成二价铁，二价铁和吸附的物质（包括磷酸盐）一起重新溶解。

吸附速度很快，解吸附相对慢，几个小时后它们之间能达到平衡。

$$ADS(OH)_a + p \Leftrightarrow ADSP + a \times OH$$

$$Kads = Kads^{20} \times ktads^{(t-20)}$$

式中　$Kads$——磷吸附平衡常数；

$Kads^{20}$——20℃时磷吸附平衡常数；

$ktads$——磷吸附过程温度系数；

t——温度，摄氏度。

6.3.2　水质结果验证

在 2017 年 1—6 月调整的基础上,对 2017 年 7—11 月水质数据进行验证,水质模型模拟结果与实测值各断面污染物的变化如下所示。

1. 氨氮验证结果

氨氮验证结果如图 6.17~ 图 6.19 所示。

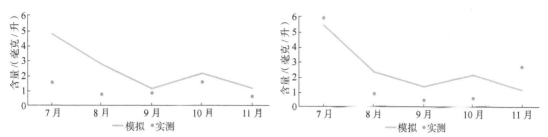

图 6.17　京沪铁路以东 500 米、东琉城村与宽河村交界处氨氮实测模拟对比(组图)

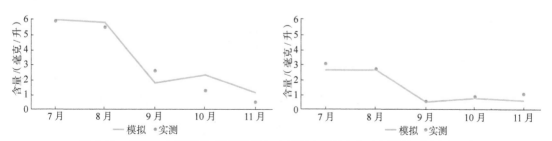

图 6.18　区管陈台子泵站、青凝侯村与建新村交界处氨氮实测模拟对比(组图)

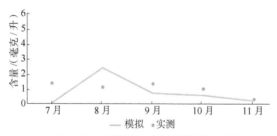

图 6.19　万家码头氨氮实测模拟对比

2. 总磷验证结果

总磷验证结果如图 6.20~ 图 6.22 所示。

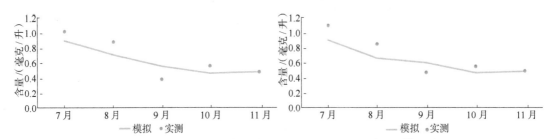

图 6.20　京沪铁路以东 500 米、东琉城村与宽河村交界处总磷实测模拟对比（组图）

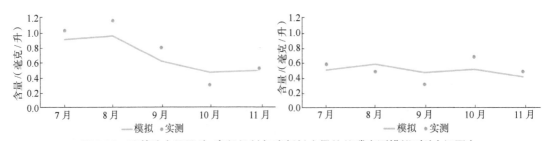

图 6.21　区管陈台子泵站、青凝侯村与建新村交界处总磷实测模拟对比（组图）

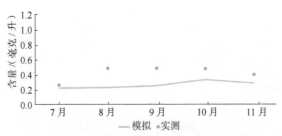

图 6.22　万家码头总磷实测模拟对比

3. 化学需氧量验证结果

化学需氧量验证结果如图 6.23~ 图 6.25 所示。

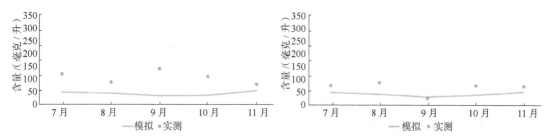

图 6.23　京沪铁路以东 500 米处、东琉城村与宽河村交界处化学需氧量实测模拟对比（组图）

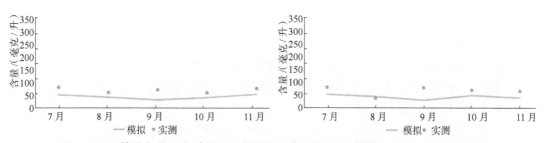

图 6.24　区管陈台子泵站、青凝侯村与建新村交界处化学需氧量实测模拟对比（组图）

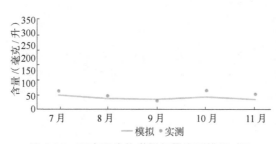

图 6.25　万家码头化学需氧量实测模拟对比

从验证对比的结果可以看出,水质模型基本反映了独流减河实际的水质情况。

6.4　环境容量测算

6.4.1　考核断面设置

天津市独流减河两岸分属于两个不同的行政区——西青区与静海区,因此分别在独流减河北岸西青区和南岸静海区行政交界断面处设置环境容量考核监测点,其分布如图 6.26 和图 6.27 所示。若这些监测点的水质刚好达到目标水质,则此时排放口的排放负荷叠加即为独流减河的环境容量。

6.4.2　环境容量计算流程

由于独流减河下游的工农兵闸长期封闭,独流减河水体更类似于静水,还会出现下游水位略高于上游的情况,因此将独流减河看作一个整体计算环境容量。环境容量计算流程如图 6.28 所示。

设置环境容量时,取全年的平均水文条件(上游水位为 4.1 米)计算对应条件下的水动力场;上下游水质、初始水质均设为Ⅲ类水质;目标水质为Ⅳ类。

根据实际排放口位置,取每一个排放口的年平均流量和平均浓度,通过调整实际排放口的污染浓度使检测点水质达标。

图 6.26　独流减河北岸环境容量考核监测点分布

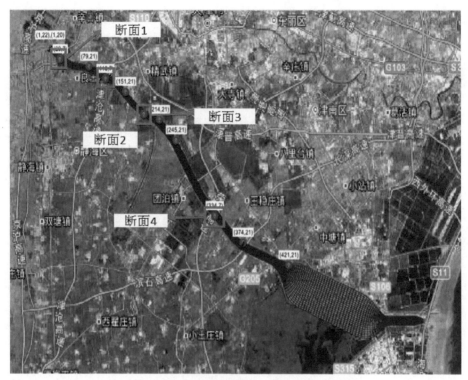

图 6.27 独流减河南岸环境容量考核监测点分布

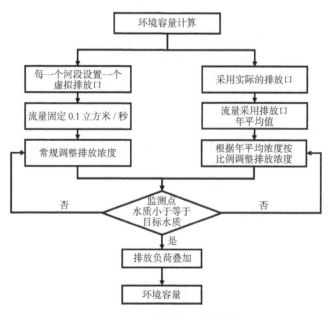

图 6.28 环境容量计算流程

6.4.3 环境容量计算结果

1. 独流减河沿线环境容量

独流减河南北岸环境容量计算结果如表 6.4 所示。

表 6.4　独流减河南北岸环境容量计算结果表　　　　单位：吨/年

区域	所属街镇	总磷	化学需氧量	氨氮
天津市西青区	辛口镇	176.28	98.36	1.035
	张家窝镇	76.47	154.65	0.851
	精武镇	302.85	90.47	2.143
	大寺镇	339.47	70.73	2.534
	王稳庄镇	381.94	50.45	3.902
	北岸合计	1 277.01	464.66	10.465
天津市静海区	独流镇	0.00	0.00	0.000
	良王庄乡	336.61	59.78	2.717
	杨成庄乡	1 213.65	564.48	8.263
	团泊镇	495.19	90.85	3.857
	南岸合计	2 045.45	715.11	14.837

2. 全市主要河流环境容量

根据上述模拟方法，假设 2017 年全市地表水国考、市考断面达到地表水Ⅲ类、Ⅳ类、Ⅴ类的断面维持水质现状，其他劣Ⅴ类的断面全部达到地表水Ⅴ类，在这一约束目标下，测算全市主要河流的水环境容量为：化学需氧量 31 100 吨/年、氨氮 1 630 吨/年、总磷 310.9 吨/年，具体情况如表 6.5 所示。

表 6.5　天津"十三五"时期国考和市考断面所在水体地表水环境容量

序号	流域	河流名称	对应水质点位	主要污染物环境容量/（吨/年）		
				化学需氧量	氨氮	总磷
1	州河	州河	西屯桥	353	17.7	3.5
2	洪泥河	洪泥河	生产圈闸	4	0.2	0.0
3	潮白新河	潮白新河	黄白桥	962	48.1	9.6
4	潮白新河	潮白新河	李家牌桥	39	2.0	0.4
5	蓟运河	蓟运河	新安镇	1 000	100.0	10.0
6	蓟运河	蓟运河	江洼口	266	13.3	2.7
7	蓟运河	蓟运河	大田	821	41.0	8.2
8	蓟运河	蓟运河	南环桥	37	1.8	0.4

序号	流域	河流名称	对应水质点位	主要污染物环境容量 /（吨 / 年）		
				化学需氧量	氨氮	总磷
9	蓟运河	蓟运河	蓟运河防潮闸	504	25.2	5.0
10	青静黄排水渠	青静黄排水渠	大庄子	9	0.4	0.1
11	青静黄排水渠	青静黄排水渠	青静黄防潮闸	212	10.6	2.1
12	子牙新河	子牙新河	马棚口防潮闸	13	0.6	0.1
13	北排水河	北排水河	北排水河防潮闸	6	0.3	0.1
14	沧浪渠	沧浪渠	沧浪渠出境	5	0.3	0.1
15	海河干流下游段	海河干流	海河大闸	195	9.8	2.0
16	海河干流下游段	海河干流	大梁子	532	26.6	5.3
17	海河干流下游段	马厂减河	西关闸	45	2.2	0.4
18	海河干流下游段	马厂减河	九道沟闸	11	0.6	0.1
19	海河干流下游段	马厂减河	西小站桥	5	0.2	0.0
22	海河干流上游段	海河干流	海河三岔口	6	0.3	0.1
23	海河干流上游段	海河干流	光明桥	15	0.8	0.2
24	海河干流上游段	海河干流	海津大桥	—	—	—
25	海河干流上游段	海河干流	二道闸上	500	50.0	5.0
27	海河干流上游段	子牙河	大红桥	1	0.0	0.0
30	海河干流上游段	新开河	新开桥	8	0.4	0.1
33	海河干流上游段	外环河	0.4 千米处	5	0.2	0.0
35	海河干流上游段	外环河	大沽南路桥	43	2.2	0.4
37	海河干流上游段	月牙河	成林道	1	0.1	0.0
38	海河干流上游段	月牙河	满江桥	1	0.0	0.0
39	海河干流上游段	月牙河	岷江桥	1	0.0	0.0
40	海河干流上游段	四化河	仁爱濠景	946	47.3	9.5
46	永定新河流域	永定新河	塘汉公路桥	88	4.4	0.9
47	永定新河流域	北塘排水河	永和闸	210	10.5	2.1
48	永定新河流域	北塘排水河	北塘桥	5 932	296.6	59.3
49	永定新河流域	青龙湾河	潘庄	44	2.2	0.4
50	永定新河流域	潮白新河	于家岭大桥	90	4.5	0.9
51	永定新河流域	潮白新河	老安甸大桥	57	2.9	0.6
52	永定新河流域	永定新河	永和大桥	29	1.4	0.3
53	永定新河流域	永定新河	东堤头村	1 724	86.2	17.2
54	永定新河流域	北京排污河	西安子桥	489	24.4	4.9
55	永定新河流域	北京排污河	九园公路桥	123	6.2	1.2
56	永定新河流域	北京排污河	华北闸	391	19.5	3.9

序号	流域	河流名称	对应水质点位	主要污染物环境容量 /（吨 / 年）		
				化学需氧量	氨氮	总磷
57	永定新河流域	机场排水河	盖模闸	13	0.6	0.1
58	永定新河流域	北运河	新老米店桥	667	33.3	6.7
59	永定新河流域	永定河	马家口桥	123	6.1	1.2
60	永定新河流域	增产河	六合庄桥	3	0.1	0.0
61	永定新河流域	中泓故道	丁庄桥	88	4.4	0.9
62	永定新河流域	金钟河	金钟河桥	12	0.6	0.1
63	永定新河流域	金钟河	北于堡	16	0.8	0.2
64	永定新河流域	永金引河	永金引河特大桥	8	0.4	0.1
65	独流减河流域	独流减河	万家码头	558	27.9	5.6
66	独流减河流域	独流减河	工农兵防潮闸	37	1.9	0.4
67	独流减河流域	南运河	十一堡新桥	20	1.0	0.2
68	独流减河流域	子牙河	十一堡新桥	36	1.8	0.4
69	独流减河流域	大清河	大清河进洪闸	25	1.3	0.3
70	独流减河流域	马厂减河	洋闸	533	26.7	5.3
73	独流减河流域	子牙河	当城桥	2	0.1	0.0
74	独流减河流域	中亭河	大柳滩泵站桥	2	0.1	0.0
75	独流减河流域	卫河	万达鸡场闸	238	11.9	2.4
76	沟河山区段	沟河	杨庄水库坝下	1	0.1	0.0
77	大沽排水河流域	大沽排水河	东沽泵站	478	23.9	4.8
78	大沽排水河流域	大沽排水河	石闸	6 806	340.3	68.1
79	大沽排水河流域	大沽排水河	鸭淀二期泵站	5 324	266.2	53.2
81	付庄排干流域	付庄排干	大神堂村河闸	3	0.2	0.0
82	东排明渠流域	东排明渠	东排明渠入海口	63	3.2	0.6
83	荒地河流域	荒地河	荒地河入海口	321	16.1	3.2
合计	—	—	—	31 101	1 630.1	311.0

第七章　城市水生态环境功能分区研究

长期以来,我国是按照水功能区来进行水污染控制的,然而这种水污染控制方法没有考虑水体所属的陆地单元,已有的区划由于不能很好地建立陆域自然地理要素和环境压力与水环境质量的关系,不能改善水环境质量。在此情况下,基于流域水生态空间异质性,科学划定水环境管理的单元,形成具有水陆一致性及"三水"统一性的管理单元,并制定监测方案、评价方法、生态保护目标和管理措施,为落实"三线"管理提供技术支持就变得十分必要。

7.1　分区指标体系构建研究

流域水生态环境功能分区体系有 4 个等级,如表 7.1 所示。为了全面反映水生态功能的形成机制,从陆域驱动要素和水域功能两个方面进行分区,其中陆域驱动要素是水域生态功能的形成基础。首先,根据陆域对水生态环境功能的驱动机制划分一级区和二级区;然后,根据水域内的生态环境功能特征划分三级区和四级区。其中,一级区和二级区更多地体现出流域环境要素对流域水生态功能的影响,提供水生态功能的流域环境背景特征;三级区和四级区则直接反映水生态主导功能及其等级,为流域水生态环境功能识别提供基础。

表 7.1　环境功能分区体系

分区等级	划分依据	分区特征
一级区	水生态功能的陆域驱动要素空间差异	反映气候、地势、地貌和地质等流域环境因子对流域水生态功能的支持和影响
二级区		反映水文、地貌、植被以及土地利用等区域环境因子对流域水生态功能的支持和影响
三级区	水生态功能空间差异	反映水生态主导功能空间差异
四级区		反映水生态功能等级空间差异

流域水生态环境功能分区划分技术路线如图 7.1 所示。

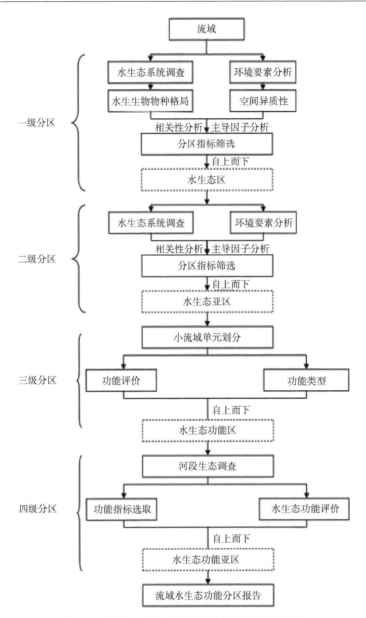

图 7.1　流域水生态环境功能分区划分技术路线

7.2　海河流域水生态功能分区研究

7.2.1　划分原则

海河流域水生态功能四级分区的目的是辨识河段尺度上相对一致的河流生态功能类型,并在区域尺度上提出生态保护和恢复目标。生态功能体现在为流域生物完整性提供支持,为重点保护物种提供栖息环境。保护和恢复目标主要体现在重点鱼类保护名录(上游／

山区）、潜在鱼类恢复目标（中游 / 滨海区）、生态服务功能（断流区 / 都市区）等方面。

海河流域水生态功能四级分区遵循以下原则。

生境类型主导生境功能的原则。河流生境是水生生物栖息、繁殖的重要场所，不同类型的生境是形成和维持水生态功能的重要载体。河流生境的情况也是水生态功能四级分区的主要依据。

生境空间完整性原则。基于河流生境的异同分析，对河流生态特征进行辨识，形成具有一致性生境的河段，从而将其作为进行海河流域水生态功能四级分区的控制单元。

生境时间稳定性原则。对河流生境进行因子识别时，主要从比较稳定的因子开始分析，避免使用一些变异性强的因子，从而保证分类结果能够对生态保护和恢复目标的制定提供稳定支持。

生境管理需求原则。河段尺度的生境分类直接与地方管理衔接，需要综合考虑社会经济发展和管理需求，尤其是水功能分区的特殊要求，如水源地、保护区等。

7.2.2　划分指标

海河流域水生态功能四级分区主要基于河段尺度划分，因此合适的河网数据是分区的基础。河网数据的详细程度决定着河流生境的一致性，过大和过小的尺度都会影响最终的四级分区。而且，海河流域下游平原区复杂的河网结构受到人类活动和工程措施的强烈影响，无法从地形资料（DEM）直接获取。基于以上原因，对现有的多种分辨率、多种渠道的数据进行汇总，结合对海河流域的多次详细调研，对河网进行手工的数字化和取舍。绘图的依据包括 1 : 100 万、1 : 25 万水系图、水利部水功能区图等，再根据三级区界限、行政区划边界等对四级河段进行分段，从而形成最终的四级分区河段单元。划分四级分区所依据的河段数为 6 254 条，总长度为 47 422 千米，每条河段的平均长度为 4.6 千米。

将划分四级分区所依据的河段数量与 1 : 5 万 DEM 生成的水系图进行对比，DEM 提取水系共 18 000 条，平均长度 4.8 千米。尽管四级分区河段图比自动生成的水系图看起来要粗一些，但是通过野外的实地调研和验证，四级分区河段图基本覆盖了海河流域重要的干流和支流，既有自然河段也有下游人工灌渠，还剔除了一些现实中不存在的、错误的河段，更加接近于实际情况。

7.2.3　指标与水生生物特征关联性

1. 备选指标的收集和筛选

水生态功能四级分区指标选择主要基于分区基本原则进行。由于四级分区主要基于河段尺度划分，因此河段尺度的指标可以列为备选，比如河道水面特征（蜿蜒度、比降、宽度等）、河床物质组成、河岸带植被盖度、河岸带农田比例、河道改造和河岸带干扰程度等。这些河段尺度的指标在各个流域都适用，相关学者在滦河流域进行了详细的样点采集和指标分析和冗余分析（RDA 分析）。

2. 必选指标的确定

通过对滦河流域的预研究,得到河道蜿蜒度、比降、盐度 3 个必选指标,这 3 个指标通过河段因子筛选得出。首先,海河流域自身具有明显的特点,足以对河流生态系统造成显著的影响。其次,海河流域具有明显的断流特征,不管这种断流是自然原因还是人为原因,断流对河流生境的影响非常重要。最终,海河流域四级分区指标确定为蜿蜒度、比降、断流风险、盐度这 4 个指标,如表 7.2 所示。

河段尺度的河流生境特征通过蜿蜒度、比降等进行刻画。海河流域的山前区和滦河中游区的蜿蜒度最大,这与地形条件有关;海河下游平原区河流蜿蜒度并不大,这与下游区受到人工措施的影响有关;上游山区的蜿蜒度也比较小。河流比降则与蜿蜒度相反,山区的河流比降明显高于平原区。

河段尺度的人类活动影响主要通过断流风险进行刻画。断流风险主要分为高风险断流、中风险断流、低风险断流。高风险断流的河段主要集中在海河南部一些河流的中上游地区和山前冲洪积扇,这些区域在河流水量不大的情况下,地表径流多转为地下径流,进而形成下游湖、淀,或者通过灌渠引入农田和城市,因此断流特征受到自然和人为因素的综合控制。海河多数河流的上游和源头区的断流风险多为中风险断流,主要受地形条件和气候条件的控制。海河下游平原区断流风险较小,主要受人类活动影响,比如很多灌渠、饮水工程等。此外,海河下游闸坝很多,水流缓慢,除雨季情况下一般多呈静水状态。

表 7.2　海河流域四级分区指标的名称及其特点

指标	划分标准	等级
蜿蜒度	蜿蜒度 ≤ 1.05	低蜿蜒度
	1.05< 蜿蜒度 ≤ 1.15	中蜿蜒度
	蜿蜒度 >1.15	高蜿蜒度
比降	比降 <0.010	缓流
	比降 ≥ 0.010	急流
断流风险	干 / 雨季调查有水	低风险断流
	干季无水	中风险断流
	干 / 雨季调查无水	高风险断流
盐度	盐度 <1.43 克 / 升	正常盐度
	盐度 ≥ 1.43 克 / 升	高盐度

7.2.4　指标数据来源与获取方式

四级分区涉及的分区指标如蜿蜒度、比降,可以通过 1∶5 万 DEM 和水系图进行数值运算并获得有关数据。根据 2013 年、2014 年、2015 年监测的 250 个样点,统计其断流特征,进行汇总并得出最终统计结果。指标计算方法如下。

分区指标空间化方法:四级分区涉及的分区指标,如河道蜿蜒度、比降、汇水量通过

1∶5万DEM和水系图进行数值运算,获得的结果就是空间化数据。河岸带500米农田比例则通过1∶10万土地利用图进行获取,其结果也是空间连续的数据,主要将其关联到各个河段。电导率则由野外实地监测获得,是点状数据,因此需要通过插值等方法,将其拓展到河段尺度上。断流风险由调查数据获得,其数据的特点,一是点状的,二是非连续的。因此,首先需要根据以下3种情况对断流风险赋予不同的数值:两个季节都有水,仅在9月有水或5月有水,两个季节都无水;其次通过泰森多边形和反距离加权插值等方法,将这些断流特征赋予不同的河段,并根据不同数值出现的频率判断断流风险的大小,从而获取各个河段断流特征的最大可能性。

分区指标权重设置方法:四级分区指标采用等权重的方法进行赋值,将河流蜿蜒度、比降、断流风险、盐度这4个指标的权重均设为1,体现了简单、直接的特点,避免了大量指标之间的冗余信息,也容易进行数据收集和叠加计算。

7.3 天津市水生态环境功能区划分研究

在海河流域四级分区的基础上,对天津市水生态功能分区进行空间和功能上的细化,既充分考虑天津市河流生态功能保护的需求,又结合当前天津市水环境管理的实际状况,将水生态功能分区与污染控制单元相结合,形成水生态保护与污染防治的统一单元,贯彻落实天津市水生态保护和污染物总量管控目标,从生态上保护流域、区域的特征生物栖息地完整、生物多样性完整和水生态服务功能完整。天津市水生态功能区划分技术路线如下。

(1)开展天津市水生态调研工作,评估生态状况。

(2)根据区域河网分布情况与国控、市控断面位置,结合区域汇水路径,划分污染防治单元。

(3)将海河流域水生态功能四级分区与天津市污染防治单元进行叠加,形成具有水生态保护目标和污染防治目标的水生态功能分区。

(4)对初步形成的水生态功能分区按照行政区界进行修正,尽可能与行政区(乡镇)边界在空间上保持一致。

(5)对形成的水生态功能分区,在完善海河流域水生态功能四级分区水生态功能和保护目标的基础上,补充区域特征水生态保护目标,完善水生态功能分区的生态属性功能。

7.3.1 资料收集

经过实地调研和调查,初步收集控制单元划分的相关资料,主要资料情况如下:河网水系资料、地形资料(DEM)、水功能区资料、行政区划资料、水质断面资料。

1.河网水系资料

1∶400万数字河网包含天津市控制单元范围内8条主要河流:海河、北运河、潮白新河、北京排污河、永定新河、蓟运河、子牙新河、独流减河,用于控制单元河网提取的校正工作。其河网分布如图7.2所示。

2. 地形资料（DEM）

从国家基础地理信息中心下载 DEM 数据，数据是分辨率为 90 米 × 90 米的 DEM 资料，如图 7.3 所示，可用于数字河网提取和子流域划分。

图 7.2　河网分布图

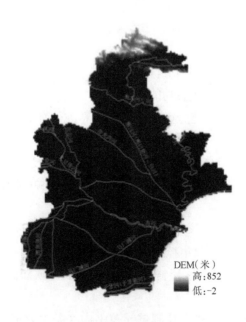

图 7.3　DEM 图

3. 水功能区资料

收集水功能区资料，可用于河道水质目标的核定，如图 7.4 所示。

4. 行政区划资料

天津市现辖 16 个区,共有 124 个街道、125 个镇、3 个乡,用于管理单元的划分。

5. 水质断面资料

收集天津市水质断面信息,其中国控断面 20 个,市控断面 72 个,详见图 7.5、图 7.6。

图 7.4　水功能区示意图

图 7.5　国控断面分布示意图

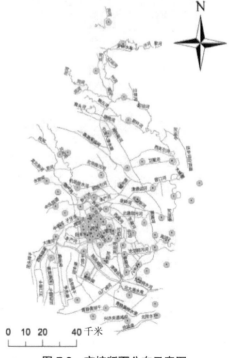

图 7.6　市控断面分布示意图

7.3.2　汇水区域划分

天津市河网受人工控制程度高,情况比较复杂,单纯采用 DEM 模型无法准确识别出汇水区域,经过调研,结合"水十条"达标方案相关成果,对天津市国考和市考断面对应的汇水区进行核定,初步形成 235 个汇水区,覆盖天津市全部区镇,相关成果如图 7.7、图 7.8 所示。

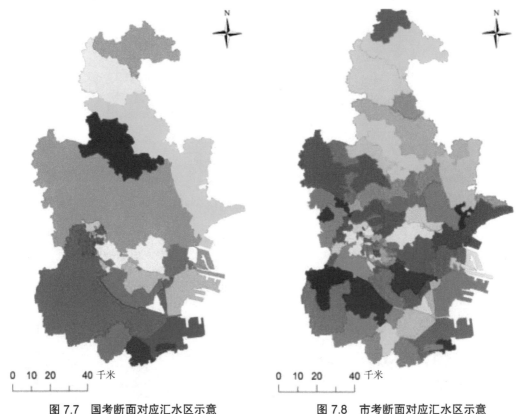

图 7.7　国考断面对应汇水区示意　　　　　　图 7.8　市考断面对应汇水区示意

7.3.3　水生态功能四级分区划分方案

在天津市污染控制区划分的基础上,将污染控制区图与海河流域水生态功能四级区成果图进行叠加,为污染控制单元赋予水生态功能和生态服务功能,为区域的管控奠定基础,成果如下。

通过实地考察并查阅相关文献和调研报告,得到天津市水生态功能四级分区,共涉及27 个四级分区。从北向南,依次为:滦河中游水生态功能分区 3 个、蓟运河下游水生态功能分区 3 个、潮白河下游水生态功能分区 5 个、海河下游水生态功能分区 9 个、海河北部下游水生态功能分区 7 个。以 2018 年的行政区划为标准,分乡镇级统计,天津市包括 235 个乡镇,其中 132 个乡镇由 1 个四级分区构成,79 个乡镇由 2 个四级分区构成,24 个乡镇由 3 个四级分区构成,4 个乡镇由 4 个四级分区构成。详细见表 7.3 和表 7.4。

天津水生态功能四级分区划分如图 7.9 所示。

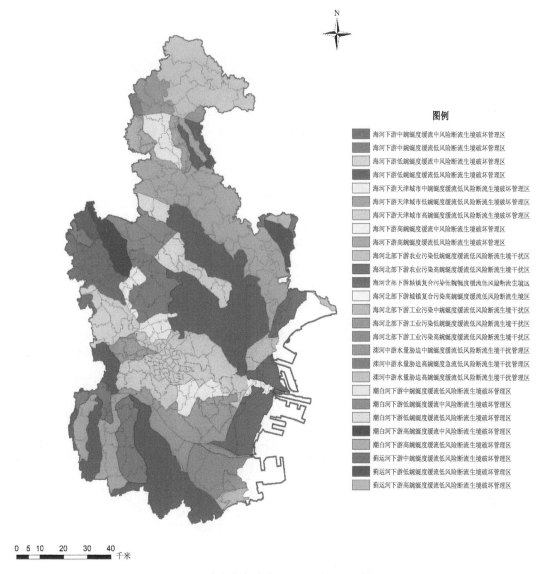

图 7.9　天津水生态功能四级分区划分示意图

表 7.3　天津市地表水国考、市考断面控制单元划分表

序号	水系	国考断面	市考断面	行政区	街镇
1	蓟运河	—	杨庄水库坝下	蓟州区	下营镇、罗庄子镇
		西屯桥	西屯桥	蓟州区	桑梓镇、白涧镇、许家台镇、杨津庄镇、礼明庄镇、邦均镇、东二营镇、尤古庄镇、东赵各庄镇、上仓镇、东施古镇、下窝头镇、侯家营镇、泗溜镇、专用汽车产业园区、上仓工业园区
		蓟运河防潮闸	新安镇	蓟州区	下仓镇
				宝坻区	新安镇

序号	水系	国考断面	市考断面	行政区	街镇
1	蓟运河	蓟运河防潮闸	江洼口	宝坻区	大钟庄镇、八门城镇、牛道口镇、朝霞街道、霍各庄镇、方家庄镇、海滨街道、王卜庄镇、林亭口镇、经济开发区、第一污水处理厂、第二污水处理厂、经济开发区污水处理厂
			大田	宁河区	大北涧沽镇、苗庄镇、廉庄子乡、宁河镇、板桥镇、岳龙镇、芦台镇、丰台镇、七里海镇东(兴隆淀、东移民、船沽涧、张尔沽、李台子、兰台、薄台、郝台、冯台、张善庄、于台)、东棘坨镇东(杨富庄、新村、高家庄、大从庄、西刘庄、赵本庄、小从庄、毛毛匠)、芦台农场东(北双庄、东双庄、马从庄、花牛庄、芦台农场二分场、芦台农场一分场)
			南环桥	滨海新区	茶淀街道(宝田村、后沽村、桥沽村、前沽村、前进西村、崔庄村、大辛村、茶西村、茶东村、崔兴沽村、新村西村、留庄村、前进东村、新村东村、西孟庄村、孟家村、西李自沽村)、汉沽街道(大田村、小王村、大王村、小马杓村、大马杓村、下坞村、新立村、芦前村、芦中村、芦后村)
			蓟运河防潮闸	滨海新区	寨上街道(洒金坨村、大神塘村)、中新生态城
2	永定新河	黄白桥	李家牌桥	武清区	河北屯镇
				宝坻区	大口屯镇、牛家牌镇
			黄白桥	宝坻区	史各庄镇、新开口镇、宝平街道、潮阳街道、钰华街道、口东街道、郝各庄镇、黄庄镇、周良街道、大白街道、九园工业园、京津新城、京津新城第一污水处理厂、九园工业园区污水处理厂
		塘汉公路桥	新老米店闸	武清区	下伍旗镇、大良镇、大碱厂镇、徐官屯街道、杨村街道
			马家口桥	武清区	黄花店镇、豆张庄镇
			丁庄桥	武清区	汉沽港镇、陈咀镇、京津科技谷、王庆坨镇
			六合庄桥	武清区	黄庄街道、石各庄镇
			盖模闸	武清区	下朱庄街道
			西安子桥	武清区	高村镇、河西务镇、白古屯镇、大孟庄镇、泗村店镇、南蔡村镇、东蒲洼街道、东马圈镇、城关镇、大王古庄镇、曹子里镇、大黄堡镇、崔黄口镇、武清开发区
			九园公路桥	武清区	上马台镇、梅厂镇、汽车产业园
				宝坻区	尔王庄镇
			华北闸	宁河区	潘庄(小南庄、潘庄镇、朱头淀东台、朱头淀中台、朱头淀西台、潘庄农场、大贾庄、王庄子、白庙、杨建、齐心庄、大龙湾、西杨庄、老安淀、西塘坨、东塘坨)
				北辰区	西堤头镇(霍庄子、季庄子、赵庄子、韩盛庄、辛侯庄)
			东堤头村	北辰区	大张庄镇、西堤头镇、双街镇、双口镇(津永公路以北)、北仓镇(三义村、北仓村)、小淀镇、新村街、瑞景街、佳荣街、集贤街、西堤头镇污水处理中心、创业环保北辰污水处理厂、凯发新泉污水处理有限公司科技园区污水处理厂、大双污水处理厂
			永和大桥	宁河区	造甲城镇、清河农场西(金钟、桥北)

序号	水系	国考断面	市考断面	行政区	街镇
2	永定新河	塘汉公路桥	老安甸大桥	宁河区	潘庄镇(西孙庄、纪庄子村)、东棘坨西(张彪庄、李城庄、大邓庄、小邓庄、西苗庄、艾林庄、小顷甸、胡晋庄、步家庄、八里庄、大顷甸、马辛庄、小芦庄、李家甸、王洪庄、后大安、前大安、东棘坨、西棘坨、常家店、姜家店、高景庄、马连庄、柳树洼、大港庄、李秀庄、于京庄、赵庄子、史家庄、张老仁庄、东白庄、韩泰庄、杨宇庄、躲军淀)
			潘庄	宝坻区	大唐庄镇
			于家岭大桥	宁河区	俵口乡、七里海镇西(任凤庄、北移民、齐家埠、大八亩坨、小八亩坨)、北淮淀乡、芦台农场西(大海北、张庄子、西董庄、东董庄、于辛庄、张广庄、蛇甸村、小堼庄、小海北、桐城村、邢木庄、小韩庄、大韩庄、岭头村、杜家庄、西双庄)、清河农场东(潮白、前进、清河农场、茶西、垦华、柳林、清北、东升、清园、清河农场十一分厂场)
			永金引河特大桥	北辰区	大张庄(南麻、北麻、张献庄、朱唐庄、小孟庄、小杨庄)
			新开桥	河北区	铁东路街道、宁园街道、建昌道街道、鸿顺里街道
			北于堡	北辰区	西堤头(东南部农田)、宜兴埠(环内)、小淀(温家房子)
				东丽区	金钟街道、天津滨海机场(雨污水)
			金钟河桥	东丽区	华新街道
			成林道	河东区	东新街、上杭路街、鲁山道街、中山门街、二号桥街道(津塘公路以北)、富民路街道(快速路以东)
				东丽区	万新街道
			满江桥	河东区	常州街道、向阳楼街
			岷江桥	河北区	月牙河街道、江都路街道、王串场街道
			永和闸	东丽区	华明街道、东丽湖污水处理厂
				滨海新区	保税区、滨海高新区
			北塘桥	东丽区	东丽湖街道、张贵庄(污水)、张贵庄污水处理厂、东郊污水处理厂、华明污水处理厂
			新开河口	北辰区	青光镇(韩家墅)、北仓镇(王秦庄、董家房、闫庄)、小淀镇(刘安庄)、宜兴埠镇(环内)
			塘汉公路桥	滨海新区	北塘街道(东村、西村、南村、北村)

续表

序号	水系	国考断面	市考断面	行政区	街镇
3	独流减河	万家码头	十一堡新桥	静海区	陈官屯镇、双塘镇、静海镇、子牙镇、子牙园区、王口镇、沿庄镇
			大清河进洪闸	静海区	独流镇、台头镇、良王庄乡、梁头镇
			大柳滩泵站桥	西青区	杨柳青镇(北部)
			万达鸡场闸	北辰区	双口镇(津永公路以南除双河村)、青源街、广源街、双青污水处理厂、医疗产业园
			当城桥	西青区	辛口镇(西北部)、杨柳青镇(北部)
			复康路桥下	西青区	中北镇(环内侯台区域)、咸阳路污水处理厂
			华苑西路桥	南开区	华苑街
			团泊洼水库	静海区	团泊镇、杨成庄乡、大邱庄镇、大丰堆镇、静海开发区
			万家码头	西青区	辛口镇(南部)、杨柳青镇(南部)、张家窝镇、精武镇、王稳庄镇
			洋闸	静海区	蔡公庄镇、西翟庄镇、唐官屯镇
			北大港水库出口	滨海新区	中塘镇(杨柳庄村、西河筒村、西闸村、西正河村、甜水井村、新房子村、刘塘庄村、潮宗桥村、试验场村、马圈村、常流庄村、赵连庄村、小国庄村)
			工农兵防潮闸	滨海新区	古林街道(建国村、工农村、上古林村)
4	南四河及其他	青静黄防潮闸	大庄子	静海区	中旺镇
			青静黄防潮闸	滨海新区	小王庄镇(北和顺村、北抛村、陈寨庄村、东抛村、东树深村、东湾河村、渡口村、李官庄村、刘岗庄村、南和顺村、南抛村、钱圈村、沈清村、王房子村、西树深村、小苏庄村、小王庄村、小辛庄村、徐庄子村、张庄子村)
		马棚口防潮闸	马棚口防潮闸	滨海新区	海滨街道(沙井子一村、沙井子二村、沙井子三村、远景一村、远景三村、联盟村)
		北排水河防潮闸	北排水河防潮闸	滨海新区	古林街道(马棚口一村、马棚口二村)
		沧浪渠出境	沧浪渠出境	滨海新区	太平镇(大道口村、红星村、大村、翟庄子村、太平村、东升村、五星村、崔庄子村、大苏庄村、苏家园村、前十里河村、远景二村、六间房村、友爱村、刘庄村、邱庄子村、后十里河村、窦庄子村、郭庄子村)

序号	水系	国考断面	市考断面	行政区	街镇
4	南四河及其他	—	鸭淀二期泵站	西青区	咸阳路污水处理厂、李七庄街、大寺镇(青凝侯村区域)、西营门街道
			大侯庄泵站	西青区	王稳庄镇(小金庄村区域)
			石闸	津南区	津沽污水处理厂、双新街道、双港镇(南部)、津南开发区(西区)、辛庄镇(南部)、咸水沽镇(南部)、八里台镇(北部)、北闸口镇、海河教育园(南部)、双桥河镇(南部)、津南开发区(东区)、葛沽镇(西部)、小站镇(西部)
			东沽泵站	滨海新区	临港经济区、大沽街道
		—	荒地河入海口	滨海新区	大港街道
		—	大神堂村河闸	滨海新区	杨家泊镇(高庄村、看才村、萝卜坨村、付庄村、李子沽村、杨家泊村、羊角村、魏庄村、东尹村、辛庄村、桃园村、西庄坨村、东庄坨村)

表 7.4　天津水生态功能四级分区基本特征

序号	分区名称	控制单元	街镇	主要生态功能	压力状态	全流域管理方向
1	潮白河下游低蜿蜒度缓流低风险断流生境破坏管理区	华北闸、黄白桥、九园公路桥、老安甸大桥、李家牌桥、潘庄、西安子桥、于家岭大桥	宝平街道、俵口乡、崔黄口镇、大白街道、大黄堡镇、大口屯镇、大唐庄镇、东棘坨镇、尔王庄镇、牛家牌镇、潘庄镇、新开口镇、周良街道	提供农业用水、提供景观娱乐用水	河岸带500米范围内受北京城市建设用地压力较大	该区主要河流为潮白新河,潮白新河流域以耕地为主,要减少农业面源污染对河流水质的影响
2	潮白河下游低蜿蜒度缓流中风险断流生境破坏管理区	黄白桥、李家牌桥、西安子桥、新老米店闸	崔黄口镇、大口屯镇、大良镇、河北屯镇、牛家牌镇、下伍旗镇、新开口镇、周良街道	提供工业用水、提供农业用水	河岸带500米范围内受农田压力较大	该区主要河流为青龙湾减河,区域内耕地面积所占比例大,要减少农业面源污染对河流水质的影响
3	潮白河下游高蜿蜒度缓流低风险断流生境破坏管理区	西屯桥	白涧镇、东赵各庄镇、侯家营镇、礼明庄镇、桑梓镇、上仓镇、下仓镇、下窝头镇、杨津庄镇、尤古庄镇	提供农业用水、提供景观娱乐用水	河岸带500米范围内受农田压力较大	该区主要河流为潮白河、沟河,要减少上游三河的人口与社会经济发展对沟河水质的影响

续表

序号	分区名称	控制单元	街镇	主要生态功能	压力状态	全流域管理方向
4	潮白河下游高蜿蜒度缓流中风险断流生境破坏管理区	西安子桥、新老米店闸	大碱厂镇、大良镇、大孟庄镇、河西务镇、南蔡村镇、下伍旗镇	提供景观娱乐用水、提供农业用水	河岸带500米范围内受农田压力较大	该区主要河流为北运河，区域内耕地面积所占比例大，要减少农业面源污染对河流水质的影响
5	潮白河下游中蜿蜒度缓流低风险断流生境破坏管理区	西屯桥	邦均镇、东施古镇、东赵各庄镇、侯家营镇、桑梓镇、上仓镇、下窝头镇	提供农业用水	河岸带500米范围内受农田压力较大	该区主要河流为潮白河、潮白新河、州河，区域内耕地面积所占比例大，要减少城镇与农业复合污染对河流水质的影响
6	海河北部下游城镇复合污染低蜿蜒度缓流低风险断流生境破坏管理区	大梁子、海河大闸、西关闸、永和闸、工农兵防潮闸、塘汉公路桥、东沽泵站	北塘街道、大港街道、大沽街道、杭州道街道、胡家园街道、泰达街道、塘沽街道、新城镇、新河街道	提供农业用水、提供景观娱乐用水	河流受海水影响较大	该区为天津市滨海新区
7	海河北部下游城镇复合污染高蜿蜒度缓流低风险断流生境破坏管理区	大梁子、海河大闸、西关闸、东沽泵站	大沽街道、胡家园街道、泰达街道、新城镇	提供景观娱乐用水、航运支持	河岸带500米范围内受农田压力较小	该区主要河流为海河干流，位于天津市滨海新区，水面宽，水量大，受海水倒灌影响，河水电导率高
8	海河北部下游工业污染低蜿蜒度缓流低风险断流生境干扰管理区	马棚口防潮闸、荒地河入海口、北大港水库出口	大港街道、海滨街道、太平镇、中塘镇	提供工业用水、提供农业用水	河流受海水影响较大	该区主要河流为平原排水渠入海部分，区域内沿海滩涂广布，河水受海水上泛影响，电导率高
9	海河北部下游工业污染高蜿蜒度缓流低风险断流生境干扰管理区	马棚口防潮闸、北大港水库出口	海滨街道、太平镇、中塘镇	提供农业用水	河流受海水影响较大	该区主要河流为独流减河入海部分，河水受海水上泛影响，电导率高
10	海河北部下游工业污染中蜿蜒度缓流低风险断流生境干扰管理区	马棚口防潮闸、北排水河防潮闸	古林街道、太平镇	提供农业用水	河岸带500米范围内受农田压力较大、河流受海水影响较大	该区主要河流为子牙新河及平原排水渠入海部分，河水受海水上泛影响，电导率高
11	海河北部下游农业污染低蜿蜒度缓流低风险断流生境干扰管理区	大梁子、大神堂村河闸、蓟运河防潮闸、塘汉公路桥	北塘街道、新河街道、寨上街道	提供农业用水、提供工业用水	河流受海水影响较大	该区包括潮白河

续表

序号	分区名称	控制单元	街镇	主要生态功能	压力状态	全流域管理方向
12	海河北部下游农业污染高蜿蜒度缓流低风险断流生境干扰管理区	大田、蓟运河防潮闸、南环桥	茶淀街道、汉沽街道、芦台镇、杨家泊镇、寨上街道	提供农业用水、提供工业用水	河流受海水影响较大	该区主要包括蓟运河，水面宽，水量大，鱼类资源丰富，要减少汉沽人口与社会经济发展对下游蓟运河水质的影响
13	海河下游低蜿蜒度缓流低风险断流生境破坏管理区	北于堡、沧浪渠出境、大梁了、大柳滩泵站、大田、当城桥、丁庄桥、东堤头村、西外环高速桥、华北闸、黄白桥、江洼口、独流减河进洪闸、九园公路桥、老安甸大桥、李家牌桥、南环桥、潘庄、青静黄防潮闸、十一堡新桥、塘汉公路桥、团泊洼水库、万家码头、西安子桥、西屯桥、新安镇、洋闸、永和大桥、永和闸、于家岭大桥	北淮淀乡、北塘街道、俵口乡、别山镇、蔡公庄镇、茶淀街道、潮阳街道、大白街道、大北涧沽街道、大丰堆镇、大黄堡镇、大孟庄镇、大邱庄镇、大唐庄镇、东棘坨镇、东丽湖街道、独流镇、尔王庄镇、高村镇、郝各庄镇、河西务镇、胡家园街道、黄庄镇、金桥街道、精武镇、军粮城街道、口东街道、礼明庄镇、良王庄乡、梁头镇、林亭口镇、牛家牌镇、潘庄镇、七里海镇、青源街道、上仓镇、上马台镇、太平镇、唐官屯镇、团泊镇、王口镇、王庆坨镇、西堤头镇、西翟庄镇、下仓镇、小淀镇、小王庄镇、辛口镇、新河街道、沿庄镇、杨成庄乡、杨津庄镇、杨柳青镇、造甲城镇、中旺镇、周良街道、子牙镇	提供农业用水、提供饮用水水源、提供工业用水	河岸带500米范围内受农田压力较大	该区主要河流为潮白新河、永定新河、北排水河、大清河、子牙新河、风河等，区域内耕地面积所占比例高，要减少农业面源污染对河流水质的影响，风河河道存在垃圾堆放现象
14	海河下游低蜿蜒度缓流中风险断流生境破坏管理区	丁庄桥、东堤头村、郭辛庄桥、六合庄桥、马家口桥	北仓镇、汉沽港镇、豆张庄镇、黄花店镇、黄庄街道、石各庄镇、双街镇、双口镇、王庆坨镇	提供工业用水、提供农业用水	河岸带500米范围内受农田压力较大	该区主要河流是永定河、子牙新河，区域内耕地面积所占比例高，要减少农业面源污染对河流水质的影响

序号	分区名称	控制单元	街镇	主要生态功能	压力状态	全流域管理方向
15	海河下游高蜿蜒度缓流低风险断流生境破坏管理区	大田、黄白桥、江洼口、独流减河进洪闸、南环桥、十一堡新桥、西屯桥、洋闸	八门城镇、板桥镇、俵口乡、茶淀街道、朝霞街道、潮阳街道、陈官屯镇、大北涧沽镇、大钟庄镇、东棘坨镇、独流镇、方家庄镇、丰台镇、海滨街道、汉沽街道、侯家营镇、黄庄镇、霍各庄镇、静海镇、口东街道、礼明庄镇、廉庄子乡、良王庄乡、梁头镇、林亭口镇、芦台镇、苗庄镇、宁河镇、牛道口镇、七里海镇、史各庄镇、双塘镇、台头镇、唐官屯镇、王卜庄镇、王口镇、新安镇、沿庄镇、杨津庄镇、钰华街道、子牙镇	提供农业用水	河岸带500米范围内受农田压力较大	该区主要河流为凤河、蓟运河,要减少城镇与农业复合污染对河流水质的影响;蓟运河流域耕地面积所占比例高,要减少农业面源污染对河流水质的影响
16	海河下游高蜿蜒度缓流中风险断流生境破坏管理区	东堤头村、盖模闸、六合庄桥、西安子桥、新老米店闸	曹子里镇、大碱厂镇、东蒲洼街道、黄庄街道、双街镇、下朱庄街道、徐官屯街道、运河西街道	提供景观娱乐用水	河岸带500米范围内受农田压力较大	该区主要包括永定河、北运河、子牙河,出现中风险断流,沿岸多化工厂,要减少工业污水排放对河流水质的影响
17	海河下游天津城市低蜿蜒度缓流低风险断流生境破坏管理区	大红桥、东台子闸、九道沟闸、青静黄防潮闸、石闸、天河桥、团泊洼水库、万达鸡场闸、万家码头、西小站桥	八里台镇、北闸口镇、大港街道、大寺镇、葛沽镇、精武镇、青光镇、三条石街道、双口镇、双桥河镇、团泊镇、王稳庄镇、西营门街道、咸水沽镇、小王庄镇、小站镇、杨柳青镇、张家窝镇、中北镇、中塘镇	提供农业用水、提供饮用水水源	河流受海水影响较大	该区主要河流为独流减河,河网密布,有多座小型水库,要保护好丰富的水资源

序号	分区名称	控制单元	街镇	主要生态功能	压力状态	全流域管理方向
18	海河下游天津城市高蜿蜒度缓流低风险断流生境破坏管理区	八里台、北洋桥、北于堡、成林道、大沽南路桥、大梁子、东堤头村、东台子闸、西外环高速桥、光明桥、郭辛庄桥、海津大桥、纪庄子桥、井冈山桥、马场道、满江桥、岷江桥、七里台、仁爱濠景、天河桥、万家码头、西关闸、西营门闸、新开河口、新开桥、永和闸	北仓镇、陈塘庄街道、春华街道、大寺镇、大王庄街道、大直沽街道、东海街道、东丽湖街道、二号桥街道、富民路街道、葛沽镇、挂甲寺街道、广开街道、鸿顺里街道、胡家园街道、华明街道、华明新家园街道、华苑街道、佳荣里街道、嘉陵道街道、尖山街道、建昌道街道、金桥街道、金钟街道、精武镇、军粮城街道、李七庄街道、柳林街道、鲁山道街道、马场街道、青光镇、劝业场街道、瑞景街道、上杭路街道、邵公庄街道、双港镇、双环村街道、水上公园街道、体育馆街道、体育中心街道、天津铁厂街道、天穆镇、天塔街道、铁东路街道、万新街道、万兴街道、王串场街道、无瑕街道、向阳路街道、小淀镇、辛口镇、辛庄镇、新城镇、新开河街道、新立街道、新兴街道、学府街道、杨柳青镇、宜兴埠镇、友谊路街道、月牙河街道、张贵庄街道、张家窝镇、中北镇	提供景观娱乐用水、航运支持	河流受海水影响较大、河岸带500米范围内受天津城市建设用地影响较大	该区主要河流为海河干流，流经天津市区，水面宽，水量大，河岸硬化，河道生境脆弱

续表

序号	分区名称	控制单元	街镇	主要生态功能	压力状态	全流域管理方向
19	海河下游天津城市中蜿蜒度缓流低风险断流生境破坏管理区	东堤头村、东台子闸、西外环高速桥、郭辛庄桥、石闸、天河桥、新开河口、永金引河特大桥	八里台镇、北仓镇、大寺镇、大张庄镇、葛沽镇、广源街道、青源街道、双港镇、双街镇、双桥河镇、天穆镇、咸水沽镇、小淀镇、辛庄镇、新立街道、宜兴埠镇	提供农业用水、提供景观娱乐用水、航运支持	河岸带 500 米范围内受农田压力较大	该区主要河流为永定新河,海河干流
20	海河下游中蜿蜒度缓流低风险断流生境破坏管理区	当城桥、东堤头村、盖模闸、独流减河进洪闸、九园公路桥、十一堡新桥、团泊洼水库、西安子桥、新老米店闸、洋闸	白古屯镇、蔡公庄镇、曹子里镇、陈官屯镇、崔黄口镇、大丰堆镇、大黄堡镇、大碱厂镇、大良镇、大王古庄镇、大张庄镇、独流镇、高村镇、静海镇、良王庄乡、梁头镇、梅厂镇、青源街道、上马台镇、双街镇、双塘镇、台头镇、唐官屯镇、西翟庄镇、下朱庄街道、辛口镇、徐官屯街道、杨成庄乡、杨村街道	提供农业用水、提供景观娱乐用水	河岸带 500 米范围内受农田压力较大	该区主要河流为永定河、大清河、黑龙港河,区域内耕地面积所占比例高,要减少农业面源污染对河流水质的影响
21	海河下游中蜿蜒度缓流中风险断流生境破坏管理区	六合庄桥、马家口桥、西安子桥	白古屯镇、城关镇、大孟庄镇、大王古庄镇、东马圈镇、东蒲洼街道、豆张庄镇、黄花店镇、黄庄街道、南蔡村镇、泗村店镇	提供农业用水	河岸带 500 米范围内受农田压力较大	该区主要河流为凤河,北京排污河,区域内耕地面积所占比例高,要减少农业面源污染对凤河水质的影响
22	蓟运河下游低蜿蜒度缓流低风险断流生境破坏管理区	大田、江洼口、新安镇	板桥镇、丰台镇、苗庄镇、下仓镇、岳龙镇	提供工业用水、提供农业用水	河岸带 500 米范围内受农田压力较大	该区主要河流为蓟运河支流,区域内耕地面积所占比例大,要减少城镇与农业复合污染对河流水质的影响

续表

序号	分区名称	控制单元	街镇	主要生态功能	压力状态	全流域管理方向
23	蓟运河下游高蜿蜒度缓流低风险断流生境破坏管理区	大田、江洼口	丰台镇、岳龙镇	提供工业用水	河岸带500米范围内农田压力较大	该区主要河流为还乡河
24	蓟运河下游中蜿蜒度缓流低风险断流生境破坏管理区	大田、江洼口	丰台镇、岳龙镇	提供工业用水、提供农业用水	河岸带500米范围内受农田压力较大	该区主要河流为蓟运河支流，区域内耕地面积所占比例大，要减少农业面源污染对河流水质的影响
25	滦河中游水量胁迫高蜿蜒度缓流低风险断流生境干扰管理区	西屯桥、杨庄水库坝下、于桥水库库中心	别山镇、出头岭镇、穿芳峪镇、礼明庄镇、罗庄子镇、马伸桥镇、孙各庄满族乡、文昌街道、五百户镇、西龙虎峪镇、下营镇、洇溜镇	提供饮用水水源、提供工业用水	河岸带500米范围内农田压力较大	该区域主要包括于桥水库及其上、下游河流，于桥水库下游蓟运河富营养化较为严重
26	滦河中游水量胁迫高蜿蜒度急流低风险断流生境干扰管理区	西屯桥	白涧镇	提供饮用水水源	河岸带500米范围内受农田压力适中	该区主要河流为于桥水库入库河流，要加强宽鳍鱲生境保护
27	滦河中游水量胁迫中蜿蜒度缓流低风险断流生境干扰管理区	西屯桥、于桥水库库中心	白涧镇、邦均镇、别山镇、官庄镇、许家台镇、洇溜镇、渔阳镇	提供饮用水水源、提供工业用水	河岸带500米范围内受农田压力适中	该区域主要包括于桥水库及其上、下游河流，于桥水库下游蓟运河富营养化较为严重

第八章 天津市水污染防治攻坚策略研究

8.1 全市水污染防治总体任务研究

基于前面章节有关水环境、水污染等问题的分析,以及全市主要河流水环境容量的测算,建议"十三五"时期重点完成饮用水资源保护任务研究、控源治污任务研究、生态修复任务研究、监管能力任务研究,从而保证天津市水资源、水环境、水生态不断得到改善,确保顺利完成天津市"十三五"水生态环境目标。

8.1.1 饮用水资源保护任务研究

8.1.1.1 推进饮用水水源保护区划定

(1)加快城市集中式饮用水水源保护区划定。"十三五"期间,全面完成尔王庄水库、杨庄水库、北塘水库、王庆坨水库 4 个城市集中式饮用水水源和引滦明渠(北辰段、武清段)保护区划定。

(2)加快千人以上农村集中式饮用水水源保护区划定。"十三五"期间,完成北辰区 41个、武清区 52 个、蓟州区 24 个、静海区 30 个、宁河区 58 个千人以上农村集中式饮用水水源保护区划定。

(3)逐步开展农村分散式饮用水水源保护区划定。"十三五"期间,分批启动农村分散式饮用水水源基础环境状况调查,摸清底数,逐步分类推动保护区或保护范围划定。

8.1.1.2 推进饮用水水源保护区规范化建设

(1)开展饮用水水源保护区边界标志排查及设置。在完成饮用水水源保护区划定的基础上,依据《集中式饮用水水源地规范化建设环境保护技术要求》(HJ 773—2015),开展全市城市集中式、千人以上农村集中式饮用水水源保护区界碑、交通警示牌、宣传牌和保护区内道路警示标志排查及设置。逐步推动农村分散式饮用水水源保护区边界标志设置。强化饮用水水源标志管理维护。

(2)开展饮用水水源保护区隔离防护设施排查及建设。重点针对集中式饮用水水源一级保护区周边人类活动频繁区域、保护区内有道路穿越的地表水饮用水水源地、穿越保护区的输油输气管道等应配备的相关隔离防护设施开展排查及建设。在保护区或保护范围划定基础上,逐步开展农村分散式饮用水水源地隔离防护设施建设。

8.1.1.3 开展饮用水水源保护区专项整治

(1)开展城市集中式饮用水水源地环境保护专项排查。逐一核实水源地基本信息,查清水源保护区划定、边界设立及违法建设项目等环境违法问题,建立问题清单,并向社会公开。重点排查一级保护区内排污口、畜禽养殖、网箱养殖等可能污染水源的活动及二级保护区内城镇生活污水收集处理、垃圾无害化处置、危险化学品应急处置工作的开展情况。

（2）开展饮用水水源地保护区环境问题整治。根据排查结果,按水源地逐一形成整改方案,"十三五"期间,完成城市集中式饮用水水源地环境保护专项整治。

（3）逐步开展农村饮用水水源地环境保护专项排查及整治。加强水源周边畜禽养殖废弃物的处理处置,综合治理农业面源污染。加快推进农村饮用水提质增效工程。

（4）严防地下水污染。严格把控相关项目环评审批,石化生产存贮销售企业和工业园区等区域要采取措施加强防渗处理并开展地下水自行监测。继续实施报废钻井、取水井封井回填。"十三五"期间,全市饮用水水源周边 13 个加油站地下油罐更新为双层罐或设置防渗池。

8.1.1.4　实施重点饮用水水源地综合治理

（1）构筑于桥水库封闭防线。开展于桥水库环库截污一期工程建设,拦截周边村庄生活污水和汛期雨污水,对其净化后引入前置库或州河。"十三五"期间,完成水库二级保护区范围内 20 个村污水管网建设,引入蓟州城区污水处理厂;完成 3 个村污水管网建设,引入新建西龙虎峪镇污水处理设施,实现二级保护区内 68 个村生活污水全收集、全处理。在截污沟与水库之间建设环库巡视路,结合现状护栏网实现水库全封闭。加强于桥水库周边巡查监测、监控能力建设,及时处置水质污染突发事件。

（2）构筑于桥水库工程防线。实施北擂鼓台沟等 38 条入库沟道综合治理。"十三五"期间,对二级保护区内 123 家规模化以下养殖户采取治理和关停相结合的措施进行治理。拆除水库 22 米高程线内遗留房屋、禽畜棚舍、种植大棚,清理遗留建筑垃圾,结合小城镇建设逐步搬迁"南迁北管"遗留的 6 个村庄。落实水库 22 米高程线以上"村收集、镇运输、区处理"垃圾处置机制,减少面源污染汇入。

（3）构筑于桥水库生态防线。实施水库清淤、前置库绿化、生态带建设、草藻防控等措施。对低水位期间 17.8 米高程以上滩地区域的 477 万立方米污染底泥进行清除,湖滨带改造 33.5 千米,植被栽植 1 400.7 公顷。建设入库人工湿地示范工程,滞留净化入库水质。优化于桥水库运行调度方式,加强水库蓝藻防控措施。

8.1.1.5　保障饮用水水源安全

（1）完善水质监测网络。在重要饮用水水源和主要河流上再建设 10 座自动站,逐步实现城市集中式饮用水水源自动监控全覆盖。强化城市地区供水单位水质自检,开展水质委托检测和行业水质抽检,编发供水水质水量周报和月报。充分利用市、区和水厂三级水质检测体系,开展农村供水水质监测和检测。

（2）公开水质监测信息。定期对饮用水水源、供水厂出水和用户水龙头水质等饮水安全状况进行监测和检测,每季度向社会公开。对供水单位每年至少开展 1 次卫生监督检查。对全市所有饮水安全状况信息向社会公开。

（3）开展供水管网更新改造。对使用超过 50 年和材质落后的供水管网进行更新改造,改造供水管网 400 千米,公共供水管网漏损率控制在 10% 以内。

8.1.1.6　防范饮用水水源环境风险

（1）完善饮用水水源地预警监控系统。按照《集中式饮用水水源地规范化建设环境保护技术要求》，建立完善预警监控系统，深入开展于桥水库蓝藻监测预警机制研究。

（2）完善突发环境事件应急机制。定期开展饮用水水源地周边环境安全隐患排查及饮用水水源地环境风险评估。完善天津市水污染应急预案，按照京津冀水污染突发环境事件联防联控机制组织开展工作。基本完成全市备用水源或应急水源建设，实现引江、引滦双水源互联互通、互用互备。

8.1.1.7　健全饮用水水源保护长效机制

（1）定期开展饮用水水源地调查评估。组织开展城市集中式饮用水水源地和千人以上农村集中式饮用水水源地年度监测和调查评估。定期开展地下水型饮用水水源补给区环境状况调查。建立饮用水水源地档案管理制度，做到"一源一档"并动态更新档案。

（2）落实生态补偿机制。推动于桥水库上游治理工作，严格落实《引滦入津上下游横向生态补偿协议》，对跨界断面水质实施监测。协调推动河北省境内沙河下游段养鱼网箱清除工作，清除沿河村庄、河滩地和沿岸的垃圾。继续完善于桥水库生态补偿机制。

（3）健全水源地监管机制。以水源地保护攻坚战为契机，完善水源地日常监管制度，充分用好法律、科技、经济、行政手段，加强饮用水水源地保护区规范化建设。强化部门合作，完善饮用水水源地环境保护协调联动机制，将饮用水水源保护各项任务分解、落实，狠抓落地成效，防止已整改问题死灰复燃。

8.1.1.8　加强饮用水水源保护执法监督

（1）定期开展饮用水专项执法检查。定期开展饮用水水源保护区、引滦沿线专项执法检查，加强南水北调中线天津干线两侧水源保护区日常监测与执法检查。坚持铁腕治污，综合运用查封扣押、按日计罚、限产停产、移送司法机关等执法手段，加大案件查办力度，依法从严处罚环境违法行为。

（2）加强饮用水水源保护执法监督能力建设。加强环境监测、监察、应急等专业技术培训，严格落实执法、监测等人员上岗制度，提高执法队伍素质。推广使用移动执法手段，提升环境监察信息化水平，提高执法效率。

（3）落实好环保督察和专项行动方案。深化中央环境保护督察各项整改任务，对照国家要求制定、实施天津市环境保护督察方案，建立环境保护督察制度，以各区为督察对象，严格落实地方环境保护主体责任。严格落实全国集中式饮用水水源地环境保护专项行动方案。

8.1.2　控源治污任务研究

8.1.2.1　源头防控研究

（1）严格环境准入管理，提高环境准入门槛。严格规范建设项目审批程序，按照天津市"十三五"规划、主体功能区规划、生态保护红线等要求，严格履行审批程序，不符合产业布局和产业结构的项目不予审批。实施差别化环境准入政策。停止审批工业园区外新建、改建、扩建新增水污染物的工业项目。严格落实污染物总量核准制度,新建、改建、扩建项目实行主要污染物排放量倍量替代。组织完成天津市水资源、水环境承载能力现状评估。

（2）依法淘汰落后产能。制订天津市年度淘汰落后产能计划并分解落实,依法、依规推动落后产能按时退出。按照工业和信息化部要求,有序推进全市建成区内现有污染较重企业搬迁改造或依法关闭。推进清洁生产,依法对重点行业和重点企业实施审核,提升工业企业清洁生产水平。

（3）严守用水效率控制红线。提高工业用水效率,完善天津市高耗水行业取用水定额标准。开展水平衡测试,实行用水定额管理。推动节约用水示范工程建设,确保天津市电力、钢铁、纺织、造纸、石油石化、化工等高耗水行业达到取用水定额标准。推动工业水循环利用,支持鼓励高耗水企业废水深度处理回用。严格落实国家节水型城市标准要求,实施《水效标识管理办法》,提升城镇节水水平。加快推进农业节水进程,在涉农区推广渠道防渗、微灌等节水灌溉技术,完善灌溉用水计量设施。

（4）加大非常规水源利用。促进再生水利用,鼓励工业生产、城市绿化、车辆冲洗、建筑施工以及生态景观等用水优先使用再生水。具备使用再生水条件但未充分利用的钢铁、火电、化工、制浆造纸、印染等项目,不得批准新增取水许可。再生水利用率达到40%以上。推动海水利用,在电力、化工、石化等行业推行直接利用海水作为循环冷却等的工业用水。"十三五"期间重点消化现有产能,海水淡化规模按需发展,重点发展"点对点"供水模式。

8.1.2.2　工业、生活及农业污染治理研究

1.狠抓工业污染防治

（1）深化工业集聚区水污染集中治理。加快推进天津市全市工业集聚区整合和撤销取缔工作,开展整合后的工业集聚区环境基础设施大排查,按照国家要求进行规范化整治,完善污水集中处理设施并安装在线监控装置。强化市级及以上工业集聚区的水污染治理监管,确保污水集中处理设施达标排放,集聚区内工业废水达到预处理要求。定期开展工业集聚区水污染集中处理设施专项执法行动。

（2）强化工业企业水污染分类治理。进一步排查现有废水直排企业和达标情况,以落实新修订的天津市《污水综合排放标准》(DB12/ 356—2018)和整治"散乱污"企业为突破口,通过"关停一批、迁入园区一批、提升改造一批"等措施,推动现有废水直排企业污水实现集中处理或排水水质达到地表水功能区要求。

（3）深化固定污染源排污许可管理。按照固定污染源排污许可管理的有关要求,完成国家规定的重点行业许可证核发工作,将污染物排放种类、浓度、总量、排放去向等纳入许可证管理范围。实行纳入排污许可的重点行业企业全口径管理,实现排污许可证"核发一个行业、达标一个行业、规范一个行业"。

（4）实施固定污染源氮磷污染防治。全面开展屠宰、乳制品制造等18个氮磷重点行业调查工作,切实摸清底数。实施氮磷排放总量控制,实行新建、改建、扩建项目氮磷总量指标减量替代。强化氮磷排放重点行业企业监管,完成超标企业整治工作。

2. 强化城镇生活污染治理

（1）全面加强排水管网建设。启动中心城区和苑、西姜井、宋庄子、张贵庄路等中心城区污水管网空白区管网建设工程。实施东丽区新立街道、北辰区大张庄镇等环城四区污水管网空白区管网建设工程。全市建成区污水管网基本实现全覆盖。

（2）提升城镇污水集中处理能力。继续加大基础设施建设投入力度，全市新建、扩建污水处理厂6座，同步建设配套管网。加快完成中心城区津沽等5座污水处理厂提标改造。"十三五"期间建制镇和城市污水处理厂的处理率分别达到85%和95%以上，全市建成区污水基本实现全收集、全处理。

（3）推进城市面源污染治理。组织开展天津市全市合流制片区和管网混接错接点排查工作，因地制宜实施中心城区和北辰区、滨海新区等区域雨污管网改造。有条件的地区可将雨水管道中积存的雨（雪）残留水及初期雨水排入污水管网。

3. 推进农业农村污染防治

（1）深入开展农村生活污水治理。加快农村生活污水处理设施建设，实施管网敷设、处理站建设，确保规划保留农村生活污水处理设施覆盖率达到100%，基本实现农村生活污水达标排放或利用。继续实施建制村环境综合整治行动。

（2）防治畜禽及水产养殖污染。加强畜禽养殖禁养区监管，严肃查处禁养区内违法违规养殖行为。全面实施规模化畜禽养殖场粪污治理和资源化利用，全市规模化畜禽养殖场粪污处理设施装备配套率达到100%。实行散养密集区畜禽粪污水分户收集、集中处理制度。优化水产养殖空间布局，明确划分限养区和禁养区。推进标准化健康养殖，深入推进健康养殖示范场建设，改造海水工厂化循环水养殖车间，工厂化养殖用水循环利用率达到80%以上。

（3）加强农业面源污染防治。推广配方肥和有机肥，推进测土配方施肥，测土配方施肥技术推广覆盖率达到90%。天津市全市化肥利用率达到40%，逐步减少化肥施用量。开展农田退水治理，建设生态沟渠、植物隔离条带、净化塘等设施减缓农田氮磷流失。

8.1.3　生态修复任务研究

8.1.3.1　保障水生态环境健康

（1）严格监控水资源保护管理。加强水资源开发利用控制、用水效率控制、水功能区限制纳污3条红线管理，全面推进节水型社会建设。突出节水和再生水利用，高效配置生活、生产和生态用水。大力推动非常规水资源开发利用，将再生水纳入水资源统一配置，逐步提高沿海钢铁、重化工等企业海水淡化水及海水的利用比例。推进地下水超采区综合治理。

（2）不断提高再生水利用水平。编制天津市再生水利用规划，研究并完善天津市再生水利用有关政策，制定再生水供水水源调配方案，提出相应配套工程建设措施。推进再生水厂建设，加强配套管网建设连通，完善再生水管网系统，新建北辰大双再生水厂等4座再生水厂。提高再生水利用率，充分利用污水处理厂达标出水，推进高品质再生水用于工业和市政杂用、低品质再生水用于生态和农业。"十三五"末,再生水利用率达到40%以上。全市单体建筑面积超过2万平方米的新建公共建筑、5万平方米以上集中新建的保障性住房,一律安装建筑中水设施。

8.1.3.2　实施水体污染治理与生态修复

(1)综合整治城市黑臭水体。全面排查水体环境状况,建立天津市全市黑臭水体清单,制定整治方案,综合采取控源截污、垃圾清理、生态恢复、雨水调蓄等措施,全市基本消除黑臭水体。以独流减河治理为突破点,实施一批河道综合治理工程。大幅降低荒地河、付庄排干、东排明渠和大沽排水河4条境内入海河流水污染物浓度。

(2)实施水生态净化修复工程。对中心城区河道进行水生态修复,加快实施独流减河等河道综合水污染治理。

(3)开展重点河流底泥清淤与河岸整治。对西青区程村排水河等河流实施底泥清淤工程,加强清理淤泥安全处置,防止内源污染。完善重点河道排水设施建设。加强滨河(湖)带生态建设,在河道两侧建设植被缓冲带和隔离带。

(4)保护水域和湿地生态系统。加强河湖水生态保护。加快西青区河道及水库、湿地周边造林工程建设。抓好《天津市湿地自然保护区规划(2017—2025年)》各项任务落实。

8.1.3.3　加快推进海绵城市建设

(1)加快海绵城市建设进程。完成天津市海绵城市实施方案和三年建设计划(2018—2020年)编制工作,启动相关项目建设,2020年全市建成区20%面积达到海绵城市要求。

(2)加快解放南路地区和中新生态城海绵城市试点区建设。启动解放南路试点区政府和社会资本合作(PPP)项目建设,开展解放南路试点区老旧小区海绵城市改造工程,实施中新生态城试点区PPP项目建设,形成全市海绵城市建设可复制、可推广的经验。

8.1.3.4　推进城市水循环,增加生态用水

(1)继续推进海河南、北系水系连通工程。建设中心城区及环城四区水系连通工程,实施"海河—独流减河—永定新河"南、北两大水系连通循环工程。加强重点河道排水设施建设,实施中心城区津河三元村泵站和月牙河口泵站改扩建工程。

(2)加强全市生态水量调度管理。实施生态补水工程,积极协调流域机构,争取外调生态水量,充分利用雨洪水和再生水资源,逐年增加城市生态供水量,力争生态供水量达到7亿立方米左右。科学确定生态流量,配合开展海河流域跨省河流水量分配工作,分期分批提出蓟运河、北运河和潮白河河流域生态需水量和生态流量需求。在保障城市供水和防洪排沥安全的前提下,合理调度水利工程,制定实施各区水系连通规划。实施河道、水库、湿地生态环境补水措施,提升天津市全市生态环境质量。

8.1.4　监管能力任务研究

(1)健全水环境监测网络。加快构建水环境自动监测网络,基本实现国考、市考、入境129个断面水质自动监测站全覆盖。建立天津市引滦饮用水水源地水环境自动监测体系。提升饮用水水源水质全指标监测、水生生物监测、地下水环境监测及环境风险防控技术支撑

能力。

（2）强化入河排污口门治理。组织开展入河排污口底数排查,制定天津市全市及各区入河排污口门整治方案。逐步开展重点排污口门水量、水质同步监测,对具备自动监测条件的入河排污口实施在线自动监测。逆流溯源,深入推进入河污染源整治工作。

（3）加强污染源排放监控。加快重点排污单位自动在线监控系统安装工作,实现与环保部门联网,力争覆盖天津市全市废水排放总量95%的企业全部安装污染源在线监控系统。逐步推进重点企业总磷、总氮、重金属等污染物排放在线监控系统的安装建设。

（4）开展水环境专项执法检查。严格落实国家城市黑臭水体、水源地保护、渤海综合治理等专项行动方案,以排污许可、工业园区、污水处理厂、废水直排企业、加油站防渗设施、饮用水水源地等为重点,开展一系列水污染防治专项执法行动。

（5）严厉打击环境违法行为。坚持铁腕治污,严查典型环境违法案件,深入实施环保红、黄牌制度,定期公布环保"黄牌""红牌"企业名单。推进联合执法、区域执法、交叉执法,综合运用查封扣押、按日计罚、限产停产、移送司法机关等执法手段,加大案件查办力度,依法从严处罚环境违法行为,持续保持严厉打击环境违法行为的高压态势。

（6）强化科技创新支撑作用。推广示范适用技术,按照要求发布水污染防治技术指导目录,入选技术示范推广率达到60%以上,建立信息反馈机制及指导目录定期完善修订机制。加快科技专题研究,开展天津市流域水生态环境功能分区管理体系研究,开展水污染排放源清单解析研究及试点。以独流减河为试点,研究确定天津市流域水环境质量标准。

8.1.5　风险防范任务研究

（1）严防地下水污染。定期对集中式地下水型饮用水水源补给区环境质量进行调查评估。严格把控相关项目环评审批管理,石化生产存贮销售企业和工业园区等区域要采取措施加强防渗处理并开展地下水自行监测。继续实施报废钻井、取水井封井回填工程。实现天津市全市油站地下油罐更新为双层罐或设置防渗池。

（2）落实引滦生态补偿机制。充分利用京津冀水污染防治协作联动机制,推动于桥水库上游治理,严格落实《河北省人民政府 天津市人民政府关于引滦入津上下游横向生态补偿的协议》,对跨界断面水质实施监测。协调推动河北省境内沙河下游段养鱼网箱清除工作,清除沿河村庄、河滩地和沿岸的垃圾。继续完善于桥水库生态补偿机制。

（3）防范水环境风险。根据国家优先控制化学品名录及有关要求,对高风险化学品生产、使用进行严格限制,并逐步淘汰替代。对天津市全市范围内沿河、沿湖、沿水库工业企业与工业集聚区环境风险进行定期评估,督促企业严格落实环境风险防控措施。完善水污染事故处置应急预案,提高应急处置能力,稳妥处置突发的水环境污染事件。

8.2 入海河流污染防治专项任务研究

8.2.1 蓟运河水系

通过污水处理厂升级改造、乡镇污水处理厂建设、面源污染治理等措施,消除州河西屯桥断面劣Ⅴ类水体。科学测算蓟运河、北运河、潮白河流域生态流量需求,持续推动上游加大下泄水量以保障水质。"十三五"期间完成流域内蓟州污水处理厂提标改造工程。未实现达标排放的规划保留村建设生活污水处理设施;关闭或搬迁禁养区内畜禽养殖场(小区)和养殖专业户;新建、改建、扩建的规模化畜禽养殖场(小区)实施雨污分流、粪便污水资源化利用;开展测土配方和科学种植。

1. 工业污染防治

新建天津市新发工贸有限公司污水处理厂1座和宝坻九园工业园区污水处理厂1座,如表8.1所示。

表8.1　工业污水处理厂网建设工程

工程类型	具体工程措施	所在区
工业污水处理厂网建设工程	新建天津市新发工贸有限公司日处理0.05万吨的污水处理厂	宝坻区
	新建宝坻九园工业园区污水处理厂	宝坻区

2. 城镇生活污染治理

(1)城镇生活污水处理厂网建设工程如表8.2所示。新建扩建城镇污水处理厂2座,2020年底前新增污水处理规模30 700吨/日。

(2)城镇区域管网合流制改造工程如表8.3所示。对宝坻区0.17平方千米空白区铺设临时管网,宁河区1个片区0.27平方千米进行管网合流制改造,蓟州区城区雨污分流治理。

表8.2　城镇生活污水处理厂网建设工程

工程类型	具体工程措施	所在区
城镇生活污水处理厂网建设工程	建设6.4千米长管网,将原有300吨/日污水处理规模提升至1 000吨/日,接入林亭口镇东郝庄污水处理厂	宝坻区
	扩建蓟州城区污水处理厂,新增处理规模3万吨/日	蓟州区

表8.3　城镇区域管网合流制改造工程

工程类型	具体工程措施	所在区
城镇区域管网合流制改造工程	建成区0.17平方千米空白区铺设临时管网,接入主管网进入第二污水处理厂	宝坻区
	完成芦台镇建成区雨污合流制改造工程,改造面积0.27平方千米	宁河区
	完成蓟州区城区污水综合整治工程(对城区内81家企事业单位、5个合流制小区和22条支路进行雨污分流治理)	蓟州区

3. 农村农业污染治理措施

（1）农村生活污水处理设施建设工程如表 8.4 所示。对 307 个尚未建设生活污水处理站的农村进行管网建设及污水处理站建设，包括宝坻区 241 个、宁河区 64 个、滨海新区 2 个。

（2）畜禽养殖场粪污治理工程如表 8.5 所示。另外，沿线蓟州区、宝坻区、宁河区、滨海新区主要农作物化肥农药使用量实现负增长，推广测土配方施肥技术。

表 8.4　农村生活污水处理设施建设工程

工程类型	具体工程措施	所在区
农村生活污水处理设施建设工程	八门城镇南燕村、清白沽、朝霞街三岔口、西会等农村建设 241 个生活污水处理工程	宝坻区
	宁河镇清泥村、苗庄镇南窝村、大北涧沽镇船沽村和廉庄镇前米村等 64 个农村新建污水处理站并进行管网建设	宁河区
	对太平镇的留庄村和崔庄村开展污水处理设施建设	滨海新区

表 8.5　畜禽养殖场粪污治理工程

工程类型	具体工程措施	所在区
畜禽养殖场粪污治理工程	对蓟州区泗溜镇、下仓镇、杨津庄镇等镇内的 150 家畜禽养殖户开展养殖废弃物资源化利用项目	蓟州区
	对廉庄镇杨拨村，芦台镇薄前村、大艇村，宁河镇清泥村等村内的 28 家畜禽养殖场开展粪污治理工程	宁河区
	对流域内尚未治理的 147 家畜禽养殖场开展粪污治理工程	宝坻区

4. 生态修复措施

水环境综合整治工程如表 8.6 所示，涉及宁河区河道 41.42 千米；实施引滦工程，通过州河向蓟运河进行生态补水。

表 8.6　水环境综合整治工程

工程类型	具体工程措施	所在区
水环境综合整治工程	俵口镇、七里海镇、大北镇曾口河进行河道清淤、堤防加固以及沿岸建筑物维修、重建 18.91 千米，恢复设计流量 60 立方米 / 秒；津唐运河进行清淤及堤防整治河道 1.8 千米，治理河道 20.71 千米	宁河区

8.2.2　永定新河水系

通过污水处理厂升级改造、乡镇污水处理厂建设、面源污染治理等措施，改善区域河道水环境。"十三五"期间，完成流域内东郊污水处理厂扩建等工程。未建污水处理设施的规划保留村建设污水处理设施；关闭或搬迁禁养区内畜禽养殖场（小区）和养殖专业户；新建、改建、扩建的规模化畜禽养殖场（小区）实施雨污分流、粪便污水资源化利用；开展测土配方和科学种植。

1. 工业污染防治

对 4 个工业集聚区进行治理,如表 8.7 所示。

表 8.7　工业集聚区污水处理设施改造工程

工程类型	具体工程措施	所在区
工业集聚区污水处理设施改造工程	完成 3 个工业集聚区集中污水处理设施建设(整合)工程	武清区
	完成 1 个工业集聚区管网改造,新建管网 2.8 千米	宝坻区

2. 城镇生活污染治理

(1)城镇生活污水处理厂网建设工程如表 8.8 所示。新建、扩建城镇污水处理厂 10 座,包括:中心城区 3 座,新增污水处理规模 25 万吨/日;北辰区 2 座,新增污水处理规模 8 万吨/日;武清区 3 座,新增污水处理规模 1.5 万吨/日;宝坻区 2 座,新增污水处理规模 3 万吨/日。

(2)城镇区域管网改造工程。

①合流制改造工程如表 8.9 所示。对已排查出的 10 个片区的合流制管网进行改造,包括:市区 3 片、宝坻区 1 片、武清区 4 片、东丽区 1 片、北辰区 1 片。

②雨污管网混接、串接改造工程如表 8.10 所示。处理雨污串接、混接点 151 处,包括:市区雨污串接、混接点 11 处、北辰区 130 处、武清区 10 处。

表 8.8　城镇生活污水处理厂网建设工程

工程类型	具体工程措施	所在区
城镇生活污水处理厂网建设工程	完成 2 座城镇污水处理工程,扩建东郊污水处理厂、北辰污水处理厂,新增污水处理规模 25 万吨/日	东丽区
	完成张贵庄污水处理厂扩建工程,新增污水处理规模 25 万吨/日	东丽区
	完成 2 座城镇污水处理工程,扩建北辰大双污水处理厂、双青污水处理厂,新增污水处理规模 8 万吨/日	北辰区
	完成 3 座城镇污水处理设施工程,扩建天河城污水处理厂、大良镇良旺污水处理厂和新建泗村店污水处理厂,新增污水处理规模 1.5 万吨/日	武清区
	新建京津新城第二污水处理厂,新增污水处理规模 1 万吨/日	宝坻区
	新建天宝园区第二污水处理厂,新增污水处理规模 2 万吨/日	宝坻区

表 8.9　城镇区域管网合流制改造工程

工程类型	具体工程措施	所在区
城镇区域管网合流制改造工程	实施中心城区 3 片雨污合流片区改造,建设 2 座泵站,建成新开河调蓄池,改造合流面积 3.5 平方千米	市区
	实施 1 片雨污合流片区改造,改造合流面积 0.73 平方千米	东丽区
	实施 1 片雨污合流片区改造,铺设雨污水管道 1 335 米	北辰区
	实施 1 片雨污合流片区改造,改造合流面积 3 平方千米	宝坻区
	实施 4 片雨污合流片区改造,改造合流面积 5.6 平方千米	武清区

表8.10　城镇区域雨污管网混接、串接改造工程

工程类型	具体工程措施	所在区
城镇区域雨污管网混接、串接改造工程	实施10个雨污混接改造,解决王串场五号路、金钟河大街等区域雨污混接问题	市区
	实施1个雨污混接改造,解决幸福道区域雨污混接问题	市区
	实施130个雨污混接改造,铺设管网11 610米	北辰区
	实施10个雨污混接改造,铺设管网640米	武清区

3. 农村农业污染治理措施

（1）农村生活污水处理设施建设工程如表8.11所示。对393个尚未建设生活污水处理站的农村进行管网建设及污水处理站建设,包括:北辰区5个、武清区178个、宝坻区137个、宁河区73个。

（2）畜禽养殖场粪污工程如表8.12所示。对223个规模化畜禽养殖场实施粪污治理工程,包括:北辰区31个、武清区140个、宁河区52个。

（3）水产养殖废水治理工程如表8.13所示。对约666.7公顷水产养殖废水实施治理工程,减少废水排放,包括:宝坻区2 400公顷、宁河区2 627公顷、滨海新区1 640公顷。

（4）其他农业农村综合治理区工程。"十三五"期间,宝坻区、武清区、宁河区、东丽区、北辰区、滨海新区主要农作物化肥农药使用量实现负增长,推广测土配方施肥技术。

表8.11　农村生活污水处理设施建设工程

工程类型	具体工程措施	所在区
农村生活污水处理设施建设工程	完成2个村庄的污水处理站建设,建设管网7千米	北辰区
	完成3个村庄的污水处理设施建设	北辰区
	完成6.66万户、178个村庄的污水处理设施建设,新建污水处理站166座,铺设管网17千米	武清区
	完成新开口、郝各庄、周良庄等乡镇137个农村生活污水治理工程	宝坻区
	完成俵口乡、七里海镇、苗庄镇等乡镇73个农村生活污水治理工程	宁河区

表8.12　畜禽养殖场粪污治理工程

工程类型	具体工程措施	所在区
畜禽养殖场粪污治理工程	开展大张庄镇、西堤头镇、双口镇等镇31个规模化养殖场粪污治理工程(含拆除),治理约29.7万头(只)畜种的粪污	北辰区
	完成140个规模化养殖场粪污治理工程,治理30万头(只)畜种的粪污	武清区
	对七里海镇、潘庄镇、东棘坨镇、俵口乡、北淮淀镇5个乡镇的52个规模化养殖场实施粪污治理工程,治理约32万头(只)畜种的粪污	宁河区
	对56家散户进行养殖治理,有序迁出16万头(只)畜种	宁河区

表 8.13　水产养殖废水治理工程

工程类型	具体工程措施	所在区
水产养殖废水治理工程	开展水产养殖治理工程,治理养殖面积约 2 400 公顷	宝坻区
	开展水产养殖治理工程,治理养殖面积约 2 627 公顷	宁河区
	开展水产养殖治理工程,治理养殖面积约 1 640 公顷	滨海新区

4. 生态修复措施

宁河区开展河道治理工程 4 项,对青龙湾故道、曾口河等河道实施清淤及堤防整治等工程,增加河道蓄水量,涉及河长 43 千米。

5. 能力建设及其他措施

实施永定新河水质自动监测站工程,建设 4 座地表水水质自动监测站,建站点位包括:河北区 1 座、东丽区 1 座、北辰区 1 座、宁河区 1 座。

永定新河流域在实施污染综合治理的基础上,充分利用东郊和张贵庄污水处理厂达标排水,并将潮白新河水源作为生态补水水源,进行多渠道生态补水。

8.2.3　海河干流水系

通过加强区域配套管网建设、升级改造污水处理厂,改造广开四马路等合流制片区;升级改造津沽污水处理厂、咸阳路污水处理厂等污水处理厂;建设"滞、渗、蓄、用、排"相结合的雨水收集利用设施,加快中心商务区响螺湾地区排水管网及泵站建设;加快推动区域内小城镇污水处理设施建设;实施小淀镇、丰年等片区雨污合流管网改造工程,实现雨污分流、截流;实施海河南部、北部水系循环工程;对流域内炼油、印染等重点行业进行专项整治,全面实施清洁化改造。

1. 城镇生活污水治理措施

(1)城镇生活污水处理厂网建设工程。扩建塘沽新河污水处理厂,改造东丽开发区污水处理厂,具体工程情况如表 8.14 所示。

表 8.14　城镇生活污水处理厂网建设工程

工程类型	具体工程措施	所在区
城镇生活污水处理厂网建设工程	实施塘沽新河污水处理厂扩建工程,扩建污水处理规模 8 万吨/日	滨海新区
	实施东丽开发区污水处理厂改造工程,改造污水处理规模 0.2 万吨/日	东丽区

(2)城镇区域管网改造工程。

①合流制改造工程。实施中心城区 8 个片区合流制改造工程,具体工程情况见表 8.15。

②雨污管网混接串接改造工程。实施中心城区雨污串接混接点改造 199 处,具体工程情况见表 8.16。

表 8.15　城镇区域管网合流制改造工程

工程类型	具体工程措施	所在区
城镇区域管网合流制改造工程	实施万新街、新立街和金桥街雨污分流改造工程 0.57 平方千米	东丽区
	实施万新街临江里—三潭路—金潭花园—苏堤路雨污合流区改造工程 0.005 平方千米	南开区
	实施新华路雨污分流改造工程 0.56 千米	市区
	实施晨阳道雨污分流改造工程 0.11 千米、红星路(古田道—靖江路)雨污分流改造工程 0.8 千米	市区
	实施中山路雨污分流改造工程 0.4 千米	市区
	实施先锋河底新建 60 000 立方米调蓄池工程	市区

表 8.16　城镇区域雨污管网混接串接改造工程

工程类型	具体工程措施	所在区
城镇区域雨污管网混接串接改造工程	实施中心城区海河及北运河等周边合流雨污混接点改造 59 处	市区
	实施和平区管网混接点改造 31 处	和平区
	实施河东区春华街、上杭路街等 6 个街道管网混接点改造 7 处	河东区
	实施河东区东新街等 3 个街道管网混接点改造 6 处	河东区
	实施红桥区丁字沽街、咸阳北路街等 6 个街道管网混接点改造 19 处	红桥区
	实施红桥区西沽街等 6 个街道管网混接点改造 13 处	红桥区
	实施河西区管网混接点改造 37 处,包括尖山街、东海街、马场街、下瓦房街、友谊路街、天塔街、陈塘庄街、柳林街	河西区
	实施南开区嘉陵道街宜宾北里、沱江里,向阳街冶金里雨水设施改造工程	南开区
	实施南开区王顶堤街郁园里、嘉陵道街泊江东里、向阳街云阳北里雨水设施改造工程;实施万兴街等 3 个街道雨污管网混接点改造 10 处	南开区
	实施河北区管网混接点改造 17 处	河北区

2. 农村农业污染治理措施

(1)农村生活污水处理设施建设工程。对 11 个尚未建设农村生活污水处理站的农村进行管网建设及污水处理站建设,具体工程情况见表 8.17。

(2)畜禽养殖场粪污治理工程。对 5 家规模化畜禽养殖场实施粪污治理工程,对 1 家畜禽养殖专业户实施粪污治理工程,对 6 家畜禽养殖散户实施粪污治理工程,共计花费 395 万元,具体工程情况见表 8.18。

(3)其他农业农村综合治理工程。"十三五"期间,沿线东丽区、津南区、滨海新区主要农作物化肥农药使用量实现负增长,推广测土配方施肥技术。

表 8.17　农村生活污水处理设施建设工程

工程类型	具体工程措施	所在区
农村生活污水处理设施建设工程	完成胡家园街于庄子村、南窑村和刘庄子村的生活污水治理	滨海新区
	完成八里台镇双闸村、双中塘村,小站镇东闸村、四道沟村,双桥河镇东泥沽村、东咀村、西泥沽村和北闸口镇正营村的生活污水治理	津南区

表 8.18 畜禽养殖场粪污治理工程

工程类型	具体工程措施	所在区
畜禽养殖场粪污治理工程	对李永生牛养殖场、博汇瑞康畜牧养殖有限公司、李维纪养殖场这 3 家规模化畜禽养殖场实施粪污治理工程	津南区
	对宏大盛源家禽养殖合作社、万全伟业农业种植专业合作社这 2 家规模化畜禽养殖场实施粪污治理工程	滨海新区
	对天津市东丽区玉洪牛养殖有限公司实施粪污治理工程	东丽区
	对新立街 6 家畜禽养殖散户实施粪污治理工程	东丽区

3. 生态修复措施

（1）生态补水工程。实施海河干流等河道生态补水，年补水量达 2.5 亿~3.0 亿立方米。

（2）河道修复工程。2019 年，东丽区完成津滨河清淤工程，范围为张贵庄污水处理厂东减河出口以西河道，清淤长度 2.3 千米。

8.2.4 独流减河水系

针对独流减河水系，综合运用、统筹、调度区域水量，升级改造污水处理厂，专项整治重点行业，采取面源污染治理等措施，保障流域内入海河流水质不劣于入境水质。合理安排闸坝下泄流量和泄流时段，充分利用雨洪水资源，维持基本生态用水需求；加快静海区等区县级垃圾处理厂建设；未建污水处理设施的规划保留村建设污水处理设施；对现有合流制排水系统加快实施雨污分流改造，城镇新区建设全部实行雨污分流；对区域内工业集聚区环保措施进行排查，对不符合要求的限期整改；对流域内电镀、制革等重点行业进行专项整治，全面实施清洁化改造；关闭或搬迁禁养区内畜禽养殖场（小区）和养殖专业户；对新建、改建、扩建规模化畜禽养殖场（小区）实施雨污分流、粪便污水资源化利用。

1. 工业污染防治

深入推进工业污水治理，实施污水处理设施改造及管网建设。对南港轻纺工业园区污水处理设施等 3 座污水处理设施实施改造，新建天津子牙循环经济产业区等 5 个工业园区内的污水管网，具体工程情况见表 8.19。

表 8.19 工业污染治理工程

工程类型	具体工程措施	所在区
工业污染治理工程	完成南港轻纺工业园区污水处理厂改造工程	滨海新区
	完成天津三元乳业有限公司 200 吨 / 日污水治理设施改造工程	静海区
	完成天津市天立独流老醋有限公司 100 吨 / 日污水治理设施改造工程	静海区
	完成天津子牙循环经济产业区、天津静海国际商贸物流园、天津市静海经济开发、天津唐官屯加工物流区和天津大邱庄工业区管网建设 44 千米	静海区

2. 城镇生活污染治理

（1）城镇生活污水处理厂网建设工程。2020 年底扩建咸阳路污水处理厂，新增污水处理规模 15 万吨 / 日；2019 年底新建天津石油职业技术学院生活区等 2 处污水处理设施，新增污水处理规模 900 吨 / 日。具体工程情况见表 8.20。

（2）城镇区域管网合流制改造工程。推进城镇区域管网改造，新建雨水泵站和雨污水管网，实施排水管道工程，具体工程情况见表 8.21。

（3）雨污串流混接改造工程。改造陈台子河沿线雨污串流混接点 6 处，见表 8.22。

表 8.20　城镇生活污水处理厂网建设工程

工程类型	具体工程措施	所在区
城镇污水处理厂网建设工程	实施咸阳路污水处理厂 15 万吨 / 日扩建工程	西青区
	实施天津石油职业技术学院生活区 600 吨 / 日污水处理设施建设工程	静海区
	实施大港油田团泊洼开发公司生活区 300 吨 / 日污水处理设施建设工程	静海区

表 8.21　城镇区域管网合流制改造工程

工程类型	具体工程措施	所在区
城镇区域管网合流制改造工程	新建李七庄雅乐道等片区雨污水管网 10.5 千米	西青区
	新建大邱庄镇淮河道 D300—D1500 雨水管道至老镇区雨水泵站	静海区
	实施静海镇复兴大街（静文路—北纬三路）排水管道工程	静海区
	实施静海镇北纬二路（复兴大街—胜利大街）排水管道工程	静海区
	新建大港片区粮库雨水泵站	滨海新区
	实施霞光路片区 7.5 千米雨水管道工程	滨海新区
	新建大港片区污水处理厂应急管道 1.6 千米污水管网	滨海新区

表 8.22　雨污串流混接改造工程

工程类型	具体工程措施	所在区
雨污串流混接改造工程	实施陈台子河沿线雨污串流混接改造 6 处	南开区

3. 农村农业污染治理

（1）农村生活污水处理设施建设工程。推进农村生活污水处理设施建设，实施 208 个农村生活污水处理站及配套设施工程建设，具体工程情况见表 8.23。

（2）畜禽养殖场粪污治理工程。推进畜禽养殖场粪污治理：滨海新区开展 6 家规模化畜禽养殖场粪污治理工程；静海区继续推进规模化畜禽养殖场粪污治理工程，2019 年规模化畜禽养殖粪污处理设施配套率达 100%。整区推进畜禽养殖废弃物资源化利用工作，2019 年资源化利用率达 90%。具体工程情况见表 8.24。

（3）水产养殖尾水治理工程。独流减河河道两岸 300 米范围内 419 公顷水产养殖实现退渔还湿,具体工程情况见表8.25。

（4）其他农业污染治理工程。推进沿线静海区、西青区、滨海新区农田种植污染治理,开展化肥零增长行动,推广测土配方施肥技术。

表8.23 农村生活污水处理设施建设工程

工程类型	具体工程措施	所在区
农村生活污水处理设施建设工程	实施大柳滩、建新村等18个农村污水管网及配套设施工程建设	西青区
	实施北台村、赵连庄村等6个农村生活污水治理项目建设	滨海新区
	实施王千户村等75个农村生活污水处理和旱厕改造项目建设	静海区
	实施吉祥村等109个农村生活污水处理和旱厕改造项目建设	静海区

表8.24 畜禽养殖场粪污治理工程

工程类型	具体工程措施	所在区
畜禽养殖场粪污治理工程	开展天津永春畜牧养殖专业合作社等6家规模化畜禽养殖场粪污治理工程	滨海新区
	2019年规模化畜禽养殖粪污处理设施配套率达100%;整区推进畜禽养殖废弃物资源化利用工作,2019年资源化利用率达90%	静海区

表8.25 水产养殖尾水治理工程

工程类型	具体工程措施	所在区
水产养殖尾水治理工程	西青区河道两岸300米范围内退渔还湿331公顷	西青区
	滨海新区河道两岸300米范围内退渔还湿68.67公顷	滨海新区
	静海区河道两岸300米范围内退渔还湿20公顷	静海区

4. 生态修复

持续推进生态修复工程,实施鱼苗放流、清淤治理等工程措施,具体工程情况见表8.26。

表8.26 水环境综合整治工程

工程类型	具体工程措施	所在区
水环境综合整治工程	完成50万尾白鲢、鳙鱼苗种的放流任务	静海区
	实施八排干清淤治理工程	静海区
	实施北运河等河段渠道整治、建筑物改造和泵站建设	武清区

5. 能力建设及其他措施

开展水质监测、水质自动监测站建设等工程项目,加强环境监管能力建设,具体情况见表8.27。

表 8.27　能力建设及其他措施

类型	具体工程措施	所在区
能力建设及其他措施	实施大港片区污水处理厂二期污泥无害化治理及资源化利用示范基地项目	滨海新区
	实施大清河第六埠、洋闸 2 个水质自动监测站建设工程	静海区
	实施陈台子排水河复康路桥卜水质自动监测建设工程	西青区
	实施工农兵防潮闸水质自动监测站建设工程	滨海新区

8.2.5　南部四条河流

重点实施统筹调度流域水量等措施。科学配置水资源,合理安排闸坝下泄流量和泄流时段,充分利用雨洪资源,维持基本生态用水需求。综合采用统筹调度区域水量、升级改造污水处理厂、面源污染治理等措施,保障流域内入海河流水质不劣于入境水质。关闭或搬迁禁养区内的畜禽养殖场(小区)和养殖专业户;新建、改建、扩建规模化畜禽养殖场(小区)实施雨污分流、粪便污水资源化利用。

8.2.5.1　青静黄排水渠

1. 农村农业污染治理措施

(1)农村生活污水处理设施建设工程。对 18 个尚未建设农村生活污水处理站的农村进行管网建设及污水处理站建设,具体工程情况见表 8.28。

(2)畜禽养殖场粪污治理工程。滨海新区开展 15 家规模化畜禽养殖场粪污治理工程,开展 3 家散户畜禽养殖治理工程,具体工程情况见表 8.29。静海区继续推进整区规模化畜禽养殖场粪污治理工程。

(3)水产养殖尾水治理工程。滨海新区开展约 1 667 公顷亩水产养殖尾水治理工程,减少水产养殖污染物排放,具体工程情况见表 8.30。

(4)其他农业农村综合治理工程。"十三五"期间,沿线静海区、滨海新区主要农作物化肥农药施用量实现负增长,推广测土配方施肥技术。

表 8.28　农村生活污水处理设施建设工程

工程类型	具体工程措施	所在区
农村生活污水处理设施建设工程	对中旺镇 5 个村进行农村污水处理站建设及管网建设	静海区
	对中旺镇 11 个村进行农村污水处理站建设及管网建设	静海区
	对中塘镇、古林街 2 个村进行农村污水处理站建设及管网建设	滨海新区

表 8.29　畜禽养殖场粪污治理工程

工程类型	具体工程措施	所在区
畜禽养殖场粪污治理工程	开展海滨街、太平镇、小王庄 15 家规模化畜禽养殖场粪污治理工程	滨海新区
	开展太平镇 3 家散户畜禽养殖治理工程	滨海新区

表 8.30　水产养殖废水治理工程

工程类型	具体工程措施	所在区
水产养殖废水治理工程	进行水产养殖治理,清退 1 144 公顷水产养殖	滨海新区
	实施禁养区水产养殖治理,清退 500 公顷水产养殖	滨海新区

2. 生态修复措施

2020 年,滨海新区启动实施南四河生态补水联通工程,实现北大港水库向青静黄排水渠调水。

8.2.5.2　子牙新河

1. 农村农业污染排放

(1)规模化畜禽养殖场粪污治理工程。实施 3 家规模化畜禽养殖场粪污治理工程,工程地点主要为滨海新区小王庄镇陈寨村和太平镇六间房村,具体工程情况见表 8.31。

(2)水产养殖尾水治理工程。实施 33.68 公顷水产养殖尾水治理工程,减少养殖污染排放,具体工程情况见表 8.32。

(3)其他农业农村综合治理工程。"十三五"期间,流域内滨海新区主要农作物化肥农药使用量实现负增长,推广测土配方施肥技术。

表 8.31　规模化畜禽养殖场粪污治理工程

工程类型	具体工程措施	所在区
规模化畜禽养殖场粪污治理工程	实施小王庄镇陈寨村和太平镇六间房村 3 家规模化畜禽养殖场粪污治理工程	滨海新区

表 8.32　水产养殖尾水治理工程

工程类型	具体工程措施	所在区
水产养殖尾水治理工程	清退子牙新河两岸 300 米范围内禁养区 33.68 公顷水产养殖	滨海新区

2. 生态修复措施

2020 年,滨海新区启动实施南四河生态补水联通工程,实现北大港水库向子牙新河调水。

8.2.5.3　北排水河

(1)农村生活污水处理设施建设工程。在太平镇翟庄子村和古林街马棚口一村建设农村生活污水处理设施,具体工程情况见表 8.33。

(2)规模化畜禽养殖场粪污治理工程。开展太平镇翟庄子村 9 家规模化畜禽养殖场粪污治理工程,具体工程情况见表 8.34。

(3)水产养殖废水治理工程。开展水产养殖尾水治理工程,划定河道禁养区,具体工程情况见表8.35。

（4）其他农业农村综合治理工程。沿线滨海新区主要农作物化肥农药使用量实现负增长，推广测土配方施肥技术。

表 8.33　农村生活污水处理设施建设工程

工程类型	具体工程措施	所在区
农村生活污水处理设施建设工程	建设农村生活污水处理设施2个	滨海新区

表 8.34　规模化畜禽养殖场粪污治理工程

工程类型	具体工程措施	所在区
规模化畜禽养殖场粪污治理工程	开展规模化畜禽养殖场粪污治理工程（太平镇翟庄子9个）	滨海新区

表 8.35　水产养殖尾水治理工程

工程类型	具体工程措施	所在区
水产养殖尾水治理工程	清退水产养殖971公顷	滨海新区
	清退河道禁养区水产养殖290公顷	滨海新区

8.2.5.4　沧浪渠

1. 农村农业污染治理措施

（1）农村生活污水处理设施建设工程。在尚未建设农村生活污水处理站的农村开展污水处理设施建设。

（2）水产养殖尾水治理工程。在沧浪渠两岸300米范围内，开展水产养殖尾水治理工程，减少污染排放，具体工程情况见表8.36。

表 8.36　水产养殖尾水治理工程

工程类型	具体工程措施	所在区
水产养殖尾水治理工程	清退水产养殖133.34公顷	滨海新区

2. 生态修复措施

2020年，滨海新区启动实施南四河生态补水联通工程，实现北大港水库向沧浪渠调水。

8.3　水污染防治攻坚目标研究

8.3.1　入海河流削减潜力研究

上述各类治理措施实施后,将进一步改善了河道水环境。各水系减排量测算如下。

(1)测算永定新河流域的主要污染物减排情况为:化学需氧量削减约 17 400 吨 / 年、氨氮削减约 1 300 吨 / 年、总磷削减约 300 吨 / 年。

(2)测算海河水系的主要污染物减排情况为:化学需氧量削减约 1 020 吨 / 年、氨氮削减约 80 吨 / 年。

(3)测算独流减河流域的主要污染物减排情况为:化学需氧量削减约 9 800 吨 / 年、氨氮削减约 850 吨 / 年。

(4)测算青静黄排水渠汇水区的主要污染物减排情况为:化学需氧量削减约 540 吨 / 年,氨氮削减约 33 吨 / 年。

(5)测算子牙新河流域的主要污染物减排情况为:化学需氧量削减约 76.7 吨 / 年、氨氮削减约 2.44 吨 / 年。

(6)测算北排水河汇水区的主要污染物减排情况为:化学需氧量削减约 550 吨 / 年、氨氮削减约 26 吨 / 年。

(7)测算沧浪渠汇水区主要污染物减排情况为:化学需氧量削减为 56.6 吨 / 年、氨氮约 2.6 吨 / 年。

8.3.2　天津市入海河流提升攻坚目标研究

结合 2017 年全市市考的水质现状,根据上述减排工程的实施及环境容量、污染物排放情况等,提出天津市主要地表水考核断面攻坚水质目标测算表,如表 8.37 所示。

表 8.37　天津市主要地表水考核断面攻坚水质目标测算表

序号	所在水系	河流及河段名称	断面名称	断面属性	相关区	"十三五"建议目标	达标时间
1	饮用水	南水北调天津段	曹庄子泵站	国控	西青区	Ⅱ类	2019 年
2	饮用水	果河	果河桥	国控	蓟州区	Ⅲ类	2019 年
3	饮用水	于桥水库	于桥水库库中心	国控	蓟州区	Ⅲ类	2019 年
4	饮用水	引滦天津段	于桥水库出口	国控	蓟州区	Ⅲ类	2019 年
5	饮用水	引滦天津段	西双树桥	市控	蓟州区	Ⅲ类	2019 年
6	饮用水	引滦天津段	尔王庄泵站	市控	宝坻区	Ⅲ类	2019 年
7	饮用水	尔王庄水库	尔王庄水库	国控	宝坻区	Ⅲ类	2019 年
8	饮用水	引滦天津段	宜兴埠泵站	市控	北辰区	Ⅲ类	2019 年

续表

序号	所在水系	河流及河段名称	断面名称	断面属性	相关区	"十三五"建议目标	达标时间
9	蓟运河	沟河	杨庄水库坝下	市控	蓟州区	Ⅲ类	2019 年
10	蓟运河	州河	西屯桥	国控	蓟州区	Ⅳ类	2019 年
11	蓟运河	蓟运河	新安镇	市控	蓟州区、宝坻区	Ⅴ类	2019 年
12	蓟运河	蓟运河	江洼口	市控	宝坻区	Ⅴ类	2019 年
13	蓟运河	蓟运河	大田	市控	宁河区	Ⅴ类	2019 年
14	蓟运河	蓟运河	南环桥	市控	滨海新区	Ⅴ类	2019 年
15	蓟运河	蓟运河	蓟运河防潮闸	国控	滨海新区、宁河区、宝坻区	Ⅴ类	2019 年
16	永定新河	北运河	新老米店闸	市控	武清区	Ⅴ类	2020 年
17	永定新河	永定河	马家口桥	市控	武清区	Ⅴ类	2019 年
18	永定新河	中泓故道	丁庄桥	市控	武清区	劣Ⅴ类 氨氮≤2.5 毫克/升	2019 年
19	永定新河	增产河	六合庄桥	市控	武清区	Ⅴ类	2019 年
20	永定新河	永金引河	永金引河特大桥	市控	北辰区	Ⅴ类	2019 年
21	永定新河	机场排水河	盖模闸	市控	武清区	劣Ⅴ类 氨氮≤2.5 毫克/升	2019 年
22	永定新河	北京排污河	西安子桥	市控	武清区	Ⅴ类	2019 年
23	永定新河	北京排污河	九园公路桥	市控	武清区、宝坻区	Ⅴ类	2019 年
24	永定新河	北京排污河	华北闸	市控	宁河区、北辰区	Ⅴ类	2019 年
25	永定新河	新开河	新开桥	市控	河北区	Ⅳ类	2019 年
26	永定新河	新开—金钟河	北于堡	市控	北辰区、东丽区	Ⅳ类	2019 年
27	永定新河	新开—金钟河	金钟河桥	市控	东丽区	Ⅴ类	2019 年
28	永定新河	月牙河	成林道	市控	河东区、东丽区	Ⅴ类	2019 年
29	永定新河	月牙河	满江桥	市控	河东区	Ⅴ类	2019 年
30	永定新河	月牙河	岷江桥	市控	河北区	Ⅴ类	2019 年
31	永定新河	北塘排水河	北塘桥	市控	东丽区	劣Ⅴ类 氨氮≤3 毫克/升	2019 年
32	永定新河	北塘排水河	永和闸	市控	东丽区、滨海新区	劣Ⅴ类 氨氮≤3 毫克/升	2019 年
33	永定新河	青龙湾河	李家牌桥	市控	武清区、宝坻区	Ⅴ类	2020 年
34	永定新河	青龙湾河	潘庄桥	市控	宝坻区	Ⅴ类	2020 年
35	永定新河	潮白新河	黄白桥	国控	宝坻区	Ⅴ类	2019 年
36	永定新河	潮白新河	老安甸大桥	市控	宁河区、宝坻区	Ⅴ类	2019 年

续表

序号	所在水系	河流及河段名称	断面名称	断面属性	相关区	"十三五"建议目标	达标时间
37	永定新河	潮白新河	于家岭大桥	市控	宁河区	Ⅴ类	2019年
38	永定新河	永定新河	东堤头村	市控	北辰区	Ⅴ类	2019年
39	永定新河	永定新河	永和大桥	市控	宁河区	Ⅴ类	2019年
40	永定新河	永定新河	塘汉公路桥	国控	滨海新区、北辰区、宁河区、东丽区、武清区	Ⅴ类	2019年
41	海河	北运河	郭辛庄桥	市控	北辰区、红桥区	Ⅳ类	2019年
42	海河	北运河	北洋桥	国控	河北区、红桥区、北辰区	Ⅲ类	2019年
43	海河	子牙河	天河桥	市控	西青区、北辰区、红桥区	Ⅲ类	2019年
44	海河	子牙河	大红桥	国控	红桥区、北辰区、河北区	Ⅲ类	2019年
45	海河	南运河	西横堤	市控	西青区	Ⅳ类	2019年
46	海河	南运河	井冈山桥	国控	红桥区、南开区	Ⅲ类	2019年
47	海河	津河	西营门桥	市控	南开区、红桥区	Ⅳ类	2019年
48	海河	津河	八里台	市控	和平区、河西区、南开区	Ⅳ类	2019年
49	海河	津河	马场道	市控	和平区、河西区	Ⅳ类	2019年
50	海河	卫津河	七里台	市控	南开区	Ⅴ类	2019年
51	海河	卫津河	纪庄子桥	市控	河西区	Ⅳ类	2019年
52	海河	四化河	仁爱濠景	市控	河西区、南开区	Ⅴ类	2019年
53	海河	四化河	凌奥桥	市控	南开区、西青区	Ⅴ类	2019年
54	海河	外环河	新开河口	市控	北辰区	Ⅴ类	2019年
55	海河	外环河	0.4千米处	市控	东丽区	Ⅴ类	2019年
56	海河	外环河	大沽南路桥	市控	津南区	Ⅴ类	2019年
57	海河	外环河	友谊路外环交口	市控	西青区	Ⅴ类	2019年
58	海河	洪泥河	生产圈闸	国控	津南区、东丽区	Ⅳ类	2019年
59	海河	幸福河	幸福河北闸	市控	津南区	Ⅴ类	2019年
60	海河	马厂减河	西小站桥	市控	津南区、滨海新区	Ⅴ类	2020年
61	海河	马厂减河	九道沟闸	市控	津南区	Ⅴ类	2020年
62	海河	马厂减河	西关闸	市控	津南区、滨海新区	Ⅴ类	2020年
63	海河	海河干流	海河三岔口	国控	河北区、红桥区、和平区、河东区、河西区、南开区	Ⅲ类	2019年
64	海河	海河干流	光明桥	市控	和平区、河东区	Ⅲ类	2019年
65	海河	海河干流	海津大桥	市控	河西区、河东区	Ⅳ类	2019年

序号	所在水系	河流及河段名称	断面名称	断面属性	相关区	"十三五"建议目标	达标时间
66	海河	海河干流	西外环高速桥	市控	东丽区、津南区	V类	2019年
67	海河	海河干流	大梁子	市控	滨海新区	V类	2019年
68	海河	海河干流	海河大闸	国控	滨海新区、津南区、东丽区	V类	2020年
69	独流减河	中亭河	大柳滩泵站桥	市控	西青区	劣V类氨氮≤3毫克/升	2019年
70	独流减河	卫河	万达鸡场闸	市控	北辰区	V类	2020年
71	独流减河	子牙河	当城桥	市控	西青区	V类	2019年
72	独流减河	子牙河	十一堡新桥	市控	静海区	V类	2019年
73	独流减河	大清河	大清河第六埠	市控	静海区	V类	2019年
74	独流减河	马厂减河	洋闸	市控	静海区	V类	2019年
75	独流减河	陈台子排水河	华苑西路桥	市控	南开区	V类	2020年
76	独流减河	陈台子排水河	复康路桥下/迎水桥	市控	西青区	V类	2020年
77	独流减河	团泊水库	团泊水库	市控	静海区	V类	2019年
78	独流减河	北大港水库	北大港水库出口	市控	滨海新区	V类	2020年
79	独流减河	独流减河	万家码头	国控	西青区、静海区、武清区	V类	2020年
80	独流减河	独流减河	工农兵防潮闸	市控	滨海新区	V类	2020年
81	青静黄排水渠	青静黄排水渠	大庄子	市控	静海区	V类	2020年
82	青静黄排水渠	青静黄排水渠	青静黄防潮闸	国控	滨海新区、静海区	V类	2020年
83	子牙新河	子牙新河	马棚口防潮闸	国控	滨海新区	劣V类氨氮≤3毫克/升	2019年
84	北排水河	北排水河	北排水河防潮闸	国控	滨海新区	劣V类化学需氧量≤50毫克/升	2019年
85	沧浪渠	沧浪渠	沧浪渠出境	国控	滨海新区	V类	2019年
86	付庄排干	付庄排干	大神堂村河闸	市控	滨海新区	V类	2020年
87	东排明渠	东排明渠	东排明渠入海口	市控	滨海新区	V类	2019年
88	大沽排水河	赤龙河	大侯庄泵站	市控	西青区	V类	2019年
89	大沽排水河	大沽排水河	鸭淀水库二期泵站	市控	西青区	V类	2019年
90	大沽排水河	大沽排水河	石闸	市控	津南区	V类	2020年
91	大沽排水河	大沽排水河	东沽泵站大沽排水河防潮闸	市控	滨海新区	V类	2020年
92	荒地河	荒地河	荒地河入海口	市控	滨海新区	V类	2020年

第三篇　天津市水污染防治任务实施绩效评估

第九章 重点任务措施实施情况评估

9.1 工作指标完成情况评估

"十三五"期间,对国家及天津市出台的水污染防治相关政策文件进行收集及梳理,确定任务中的重要指标,对重要指标的进展情况(截至2020年6月)进行定性和定量评估。

对重要指标进展情况的定性评估分为以下几类。

(1)已完成:对于在规定时间内完成某一指标的任务,在规定截止时间,重要指标的完成数值大于或等于任务规定的数值,评估为"已完成"。

(2)长期坚持:对于在规定时间开始完成某一指标的任务,在规定时间节点开始后,重要指标的完成数值大于或等于任务规定的数值,评估为"长期坚持"。

(3)完成年度任务:对于规定截止时间在评估节点之后的重要指标并且有年度分指标计划的任务,分年度重要指标的完成数值大于或等于分年度任务规定的数值,评估为"完成年度任务"。

(4)进度滞后:对于在规定时间内,重要指标的完成数值小于任务规定的数值或者填报信息未明确具体数值的任务,评估为"进度滞后"。

经梳理得到重要指标任务,涉及8个单位,分别是:市水务局(21项)、市住房城乡建设委(11项)、市生态环境局(9项)、市农业农村委(5项)、市城市管理委(2项)、市规划和自然资源局(1项)、市交通运输委(1项)、市科技局(1项)。

截至2020年6月,天津市全市水污染防治重点指标完成情况为:已完成10项,长期坚持2项,完成年度任务21项,进度滞后3项。

9.1.1 "已完成"重点指标

"已完成"的重要任务指标有10余项,涉及市水务局6项、市生态环境局5项、市住房城乡建设委3项、市科技局1项,如表9.1所示。

市生态环境局牵头,于2016年底完成了天津市60个国家级和市级工业集聚区全部建成污水集中处理设施并安装自动在线监测装置;于2017年开展了钢铁、火电、水泥、煤炭、造纸、印染、污水处理、垃圾焚烧8个行业排放情况评估工作;于2018年完成了其他纳入排污许可管理的固定工业污染源的评估工作;截至2018年9月,已联网的废水企业废水排放量占天津市全市废水排放量的97.6%,完成了95%的任务要求。

市生态环境局和市水务局共同牵头,于"十三五"期间完成了天津市10个集中式饮用水水源地、205个千人以上农村集中式饮用水水源地和引滦明渠保护区划定,以及入河排污口调查工作。

市水务局牵头,按照《国家节水型城市考核标准》和《城市节水评价标准》(GB/T 51083—2015)完成了节水型城市建设工作。

市水务局和市住房城乡建设委共同牵头,于2017年底基本实现了天津市全市建成区污水的全收集、全处理,基本完成了天津市全市污泥处理处置设施的达标改造。截至2018年底,天津市污泥无害化处理率达到96%,完成了90%以上的任务要求。

市科技局牵头,于2018年底按照要求发布水污染防治技术指导目录,入选技术示范推广率达到75%以上,完成了60%以上的任务要求。

9.1.2 "长期坚持"重点指标

"长期坚持"的重要任务指标共2项,涉及市水务局1项、市生态环境局1项,如表9.2所示。

市生态环境局和市水务局牵头,自2018年起实现了天津市全市所有饮用水安全状况信息的社会公开。

9.1.3 "完成年度任务"重点指标

"完成年度任务"的重要任务指标共21项,涉及市水务局11项、市住房城乡建设委6项、市农业农村委5项、市生态环境局3项、市城市管理委2项、市规划和自然资源局1项、市交通运输委1项,多个任务由多部门合作完成,如表9.3所示。

9.1.4 "进度滞后"重点指标

"进度滞后"的重要任务指标为市水务局和市住房城乡建设委共同牵头承担的"到2020年,新建再生水供水管网443千米"和"新建城区硬化地面可渗透面积达到40%以上";市水务局牵头承担的"对使用超过50年和材质落后的供水管网进行更新改造,改造管网980千米"。

表9.1 "已完成"工作指标表

序号	指标内容	市牵头部门	截至2019年进展评价	截至2019年底指标完成进度描述	2020年指标预计值	任务来源
1	2016年底前,全市工业集聚区全部实现污水集中处理,并安装自动在线监测装置	市生态环境局	已完成	2016年初,天津市组织开展了市级及以上工业集聚区水污染集中治理工作。经调查,天津市市级以上工业集聚区共60个,其中13个需要建设污水集中处理设施或安装自动在线监测装置。截至2016年底,天津市60个国家级和市级工业集聚区全部建成污水集中处理设施并安装了自动在线监测装置	已完成	《天津市水污染防治工作方案》

序号	指标内容	市牵头部门	截至2019年进展评价	截至2019年底指标完成进度描述	2020年指标预计值	任务来源
2	加快国控、市控重点水污染源自动在线监测系统安装工作，并实现与环保主管部门联网，力争到2020年底前，覆盖天津市全市废水排放总量95%的企业	市生态环境局	已完成	截至2018年底，天津市共有113家废水企业完成自动监测设备建设工作，根据2017年环境统计数据测算，已联网的废水企业废水排放量占全市废水排放量的97.6%	已完成	《天津市水污染防治工作方案》
3	加强工业污染源排放情况监管。"十三五"期间，按照国家要求，完成全市所有行业污染物排放情况评估工作，全面排查工业污染源超标排放、偷排偷放等问题	市生态环境局	已完成	按照原环境保护部《关于实施工业污染源全面达标排放计划的通知》(环环监〔2016〕172号)总体部署，全面达标排放工作对象为纳入排污许可管理工作的固定工业污染源。2017年开展了钢铁、火电、水泥、煤炭、造纸、印染、污水处理、垃圾焚烧8个行业排放情况评估工作，2018年完成了其他纳入排污许可管理的固定工业污染源的评估工作。继续开展常态化执法，全面落实"双随机"制度，2019年天津市全市共检查一般排污单位1 236家、重点排污单位947家，其他执法事项监管914家，信息公开2 414家	已完成	《〈重点流域水污染防治规划（2016—2020年）〉天津市实施方案》
4	2017年底前，天津市全市建成区污水基本实现全收集、全处理	市水务局、市住房城乡建设委	已完成	截至2019年上半年，主城区130.6平方千米管网空白区全部整改完成。其中，中心城区16片、14.5平方千米的污水空白区已通过新建管网、棚户区拆迁和铺设临时管线等方式解决污水直排问题，包括东丽区新立街、金钟街共112.2平方千米的空白区以及北辰区3.92平方千米的空白区	已完成	《天津市水污染防治工作方案》《天津市打好碧水保卫战三年作战计划（2018—2020年）》
5	2017年底前，天津市全市污泥处理处置设施基本完成达标改造	市水务局、市住房城乡建设委	已完成	截至2017年底，天津市全市12个污泥处理处置设施全部完成达标改造	已完成	《天津市水污染防治工作方案》
6	截至2020年底，城市污泥无害化处理处置率达到90%以上。地级及以上城市污泥无害化处理处置率于2016—2020年分别达到70%、75%、80%、85%和90%以上	市水务局、市住房城乡建设委	已完成	2018年天津市污泥无害化处理率达到96%	已完成	《天津市水污染防治工作方案》

序号	指标内容	市牵头部门	截至2019年进展评价	截至2019年底指标完成进度描述	2020年指标预计值	任务来源
7	全面完成天津市10个集中式饮用水水源地、205个千人以上农村集中式饮用水水源地和引滦明渠保护区划定	市生态环境局、市水务局	已完成	截至2018年底,已完成天津市10个集中式饮用水水源地、205个千人以上农村集中式饮用水水源地和引滦明渠保护区划定	已完成	《天津市打好碧水保卫战三年作战计划(2018—2020年)》
8	"十三五"期间全面查清入河排污口位置及排污来源、规模、设置单位等	市生态环境局、市水务局	已完成	2018年市水务局完成入河排污口调查工作;2019年市生态环境局会同市水务局再次开展入河排污口调查	已完成	《天津市水污染防治工作方案》《天津市打好城市黑臭水体治理攻坚战三年作战计划(2018—2020年)》
9	地级及以上缺水城市符合《国家节水型城市考核标准》或达到《城市节水评价标准》I级,其他地级及以上城市达到《城市节水评价标准》II级及以上要求。符合上述标准要求的城市比例达到相应要求(2016—2020年分别达到30%、50%、70%、90%、100%)	市水务局	已完成	创建国家节水型城市。按照《国家节水型城市考核标准》和《城市节水评价标准》,天津市积极开展节水型城市建设工作,2017年通过了国家发展改革委、住房城乡建设部对天津市节水型城市的复查,继续保持节水型城市称号(四年复查一次)	继续保持节水型城市称号	《水污染防治行动计划实施情况考核规定(试行)》
10	按照要求发布水污染防治技术指导目录,入选技术示范推广率达到60%以上,建立信息反馈机制及指导目录定期完善修订机制	市科技局	已完成	天津市科技局在科技计划和专项中专门设置了"节水与水资源综合利用关键技术及示范""水污染防治"等支持方向和重点任务,强化了对水污染防治、水环境保护及水资源利用科技创新活动的引导和支持;发布了《市科委关于做好节能低碳与环境污染防治成果征集、技术指导目录信息反馈和定期完善修订工作的通知》;2018年征集并发布了《天津市节能低碳与环境污染防治技术指导目录(第三辑)》,入选的水污染防治技术数量达到46项,并在相关媒体发布。根据入选技术示范推广率的计算方法,经统计,2018年度《技术指导目录》技术应用推广率超过75%	已完成	《天津市打好碧水保卫战三年作战计划(2018—2020年)》《水污染防治行动计划实施情况考核规定(试行)》

表 9.2　"长期坚持"工作指标表

序号	指标内容	市牵头部门	截至 2019 年进展评价	截至 2019 年底指标完成进度描述	2020 年指标预计值	任务来源
1	2018 年起,天津市全市所有饮水安全状况信息向社会公开	市生态环境局	长期坚持	天津市共有 8 个在用地级及以上城市集中式饮用水水源地,无县级城市集中式饮用水水源地。按照国家及天津市有关要求,自 2018 年起,地级以上集中式饮用水水源引滦于桥水库、南水北调中线曹庄子泵站监测信息已在天津市生态环境局官方网站和天津市生态环境监测中心官方网站上按月向社会公开;地级水源包括武清下伍旗镇、蓟州城关镇、宁河供水站、宁河北、滨海新区北塘水库、宝坻尔王庄水库 6 个,所在区已将 2018 年每月监测信息和年度监测信息在区人民政府和区环保局官网上向社会公开。天津市水务局网站每季度向社会公开全市城区供水单位管网水(龙头水)和出厂水水质	按年度计划完成	《天津市水污染防治工作方案》
2	天津市全市所有饮水安全状况信息向社会公开	市水务局	长期坚持	定期对天津市全市城市供水单位出厂水和用户龙头水水质情况进行检测,市水务局每月通过门户网站公示供水水质情况,各区水务局每季度公示供水水质情况	持续推进	《天津市水污染防治工作方案》《天津市打好水源地保护攻坚战三年作战计划(2018—2020 年)》

表 9.3　"完成年度任务"工作指标表

序号	指标内容	市牵头部门	截至 2019 年进展评价	截至 2019 年底指标完成进度描述	2020 年指标预计值	任务来源
1	推进排污许可制实施。按照国家相关要求,核发规范排污许可证,合理确定许可内容,分步实现排污许可全覆盖。2017 年完成造纸、焦化等十大重点行业及产能过剩行业企业排污许可证核发。2020 年,完成覆盖所有固定污染源的排污许可证核发工作。严格落实企事业单位按证排污、自行监测和定期报告责任	市生态环境局	完成年度任务	截至 2018 年底,完成 12 个大类行业排污许可证核发。2019 年发布水处理、汽车、电池、磷肥、锅炉、畜禽养殖、家具制造、乳制品制造、酒、饮料制造和调味品、发酵制品制造、方便食品、食品及饲料添加剂制造、人造板、电子、聚氯乙烯、废弃资源加工、工业固体废物和危险废物治理重点行业技术规范。截至 2019 年底,向申领排污许可证的重点行业企业共发证 194 张,分别为水处理行业 90 张、汽车行业 73 张、电池行业 7 张、锅炉行业 14 张、废弃资源加工行业 3 张、食品制造业 2 张、家具制造行业 3 张、危险废物治理行业 1 张、乳制品制造行业 1 张	根据国家部署,2020 年完成排污许可名录上所有行业的排污许可证核发	《〈重点流域水污染防治规划(2016—2020 年)〉天津市实施方案》

续表

序号	指标内容	市牵头部门	截至2019年进展评价	截至2019年底指标完成进度描述	2020年指标预计值	任务来源
2	加快构建水环境自动监测网络，2020年基本实现国考、市考、入境129个断面水质自动监测站全覆盖	市生态环境局	完成年度任务	目前已建成并运行98座地表水自动监测站	129个监测断面全覆盖	《天津市打好碧水保卫战三年作战计划（2018—2020年）》
3	按照《集中式饮用水水源地规范化建设环境保护技术要求》（HJ 773—2015），开展乡镇及以上集中式饮用水水源规范化建设。2018年前，按照《集中式饮用水水源地环境保护状况评估技术规范》（HJ 774—2015）开展评估，评估分值大于等于90分的，视同于该水源完成规范化建设。2019—2020年，按照《集中式饮用水水源地环境保护状况评估技术规范》开展评估，评估分值大于等于95分的，视同于该水源完成规范化建设	市生态环境局	完成年度任务	天津市辖区内地级及以上集中式饮用水水源共5个，分别是引滦入津于桥水库、南水北调中线曹庄子泵站、蓟州区城关镇水源地、武清区下伍旗镇水源地、宁河区芦台镇水源地。按照《集中式饮用水水源地环境保护状况评估技术规范》，2018年天津市饮用水水源地自评分在90分及以上的水源有4个，水源地规范化建设完成率为80%。2019年天津市饮用水水源地自评得分在95分及以上的水源有5个	按年度计划完成	《水污染防治行动计划实施情况考核规定（试行）》
4	2019年，天津市全市所有区和建制镇具备污水收集处理能力，建制镇、城市污水处理率分别达到85%、95%以上	市水务局、市住房城乡建设委	完成年度任务	2019年，天津市全市建制镇和城市污水处理率分别达到83%和93.5%	85%、95%以上	《天津市水污染防治工作方案》
5	在完成天津市全市105座城镇污水处理厂提标改造的基础上，加快中心城区5座污水处理厂提标改造。污水出厂主要指标全部达到天津市水污染防治工作方案城镇污水处理厂污染物排放标准或再生利用要求	市水务局、市住房城乡建设委	完成年度任务	截至2019年8月，中心城区4座污水处理厂完成升级改造，污水处理厂出水水质全部达到地方标准	全部完成	《天津市水污染防治工作方案》《天津市打好城市黑臭水体治理攻坚战三年作战计划（2018—2020年）》
6	天津市全市城镇新区建设全部实行雨污分流	市水务局、市住房城乡建设委	完成年度任务	截至2019年，主城区合流制从22.58平方千米减少到13.21平方千米	—	《天津市水污染防治工作方案》

序号	指标内容	市牵头部门	截至2019年进展评价	截至2019年底指标完成进度描述	2020年指标预计值	任务来源
7	2020年,中心城区污水管网覆盖率达到97%	市水务局、市住房城乡建设委	完成年度任务	截至2019年底,中心城区污水管网覆盖率达到96.2%	2020年,中心城区污水管网覆盖率达到97%	《天津市水污染防治工作方案》《天津市打好城市黑臭水体治理攻坚战三年作战计划(2018—2020年)》
8	对天津市全市所有污水处理设施产生的污泥进行稳定化、无害化和资源化处理处置,禁止处理处置不达标的污泥进入耕地。对非法污泥堆放点一律予以取缔	市水务局、市住房城乡建设委	完成年度任务	天津市污泥无害化处理率达到96%	污泥处置率达到90%以上	《天津市水污染防治工作方案》
9	推进海绵城市建设。城市新区、各类园区、成片开发区要全面落实海绵城市建设要求,综合采取"渗、滞、蓄、净、用、排"等措施,最大限度地减少城市开发建设对生态环境的影响,将70%的降雨就地消纳和利用;到2020年,城市建成区20%以上的面积达到目标要求	市水务局、市住房城乡建设委	完成年度任务	全市建成区面积的3.9%达到海绵城市目标要求	截至2020年,城市建成区20%以上的面积达到目标要求	《天津市水污染防治工作方案》《〈重点流域水污染防治规划(2016—2020年)〉天津市实施方案》
10	到2020年,基本完成灌区续建配套和节水改造任务,节水灌溉工程面积达到国家要求,农田灌溉水有效利用系数达到0.72	市水务局	完成年度任务	农田灌溉水有效利用系数提高到0.72	农田灌溉水有效利用系数提高到0.72	《天津市水污染防治工作方案》
11	实施市、区两级水质监测和水量监测,市水务局负责入河排水量10万吨/年及以上的入河排污口水质监测,各区对本区河长制纳管河道全部入河排污口进行水质监测;市水务局和各区共同组织实施入河排污口水量监测	市水务局	完成年度任务	2018—2019年,市水务局对规模(排水量5万吨/年)以上的入河排污口进行监督性监测,监测口门达126个	按年度计划完成	《天津市水污染防治工作方案》《天津市打好城市黑臭水体治理攻坚战三年作战计划(2018—2020年)》

序号	指标内容	市牵头部门	截至2019年进展评价	截至2019年底指标完成进度描述	2020年指标预计值	任务来源
12	全面排查水体环境状况，建立全市黑臭水体清单，制定整治方案，综合采取控源截污、垃圾清理、生态恢复、雨水调蓄等措施，2020年，全市基本消除黑臭水体	市水务局、市城市管理委、市农业农村委	完成年度任务	2018年，开展全市黑臭水体排查工作，共排查出567个黑臭水体。2019年，完成了年度治理任务	天津市全市基本消除黑臭水体	《天津市水污染防治工作方案》《天津市打好碧水保卫战三年作战计划（2018—2020年）》
13	到2020年，天津市全市万元地区生产总值（地区GDP）用水量14（"十三五"规划要求13.5）立方米左右，万元工业增加值用水量6.6立方米左右，达到国家对天津市的考核要求，或低于全国平均值的50%	市水务局	完成年度任务	天津市全市万元地区GDP用水量降至15立方米，万元工业增加值用水量控制在7立方米	全市万元地区GDP用水量降至14.5立方米，万元工业增加值用水量控制在6.6立方米内	《天津市水污染防治工作方案》
14	2017年未编制并批准实施重要饮用水水源地安全保障达标建设实施方案或规划的，2017、2018、2019年，辖区内重要饮用水水源地年度达标评估分数在90分及以上的水源地个数比例未比上一年度高的，2020年度达标评估分数达到90分的水源地个数比例不足80%的，不得分。总分值为5分	市水务局	完成年度任务	天津市重要饮用水水源地为于桥—尔王庄水库水源地。2018年3月，完成2017年度重要饮用水水源地自评估，按照"水量保障、水质合格、监控完备、管理规范"要求，经海河流域委员会综合评定为良好等级。按照水利部要求，2019年1月底完成天津市重要饮用水水源地2018年水源地达标自评估总结上报工作	完成2020年度重要饮用水水源地达标自评估总结上报工作	《水污染防治行动计划实施情况考核规定（试行）》
15	新出让地热矿业权项目必须采用对井采灌模式并确保地热回灌率达到90%以上。到2020年，完成中心城区23眼地热供暖单井的回灌改造	市规划和自然资源局	完成年度任务	新出让项目回灌率均已超过90%。已完成21眼地热供暖单井的回灌改造	全部完成	《天津市水污染防治工作方案》

序号	指标内容	市牵头部门	截至2019年进展评价	截至2019年底指标完成进度描述	2020年指标预计值	任务来源
16	2016年,市级以上人民政府完成本地区港口和船舶污染物接收、转运及处置能力评估并编制方案,同时明确各部门职责,建立港口和船舶污染物接收、转运、处置新机制,计5分,否则计0分。2017年,沿海设区的市级以上人民政府完成方案建设内容,计5分,否则计0分;内河设区的市级以上人民政府完成方案建设内容25%以上的,计5分,否则计0分。2018年,内河设区的市级以上人民政府完成方案建设内容50%以上的,计5分,否则计0分。2019年,内河设区的市级以上人民政府完成方案建设内容75%以上的,计5分,否则计0分。2020年,内河设区的市级以上人民政府完成方案建设内容,计5分,否则计0分	市交通运输委	完成年度任务	天津市政府印发实施《天津市船舶和港口污染物接收转运及处置设施建设方案》(津政办函〔2018〕2号),主要明确了天津市各相关部门及企业在船舶和港口污染物接收、转运及处置各个环节的监管职责,建立了多部门联合监管机制。根据该建设方案和2016年天津市船舶和港口污染物接收转运处置能力评估结果,天津市对船舶和港口产生的含油污水、化学品洗舱水、生活污水、生活垃圾等污染物的接收处置能力基本满足需求,并且根据市交通运输委2019年3月21日组织召开的天津市船舶和港口污染物接收转运及处置专项工作会,市生态环境局、市城市管理委、市水务局等行业管理部门表示目前南疆污水处理厂、天津合佳威立雅环境服务有限公司、天津滨海合佳威立雅环境服务有限公司,以及相关污水处理厂和垃圾处理厂的处理能力能够满足天津市船舶和港口污染物处置需求	按年度计划完成	《水污染防治行动计划实施情况考核规定(试行)》
17	2020年,城市生活垃圾无害化处理率达到98%以上	市城市管理委	完成年度任务	城市生活垃圾无害化处理率达到98%以上	2020年底,城市生活垃圾无害化处理率达到98%以上	《天津市打好城市黑臭水体治理攻坚战三年作战计划(2018—2020年)》
18	2019年,天津市全市化肥利用率达到40%以上,主要农作物农药利用率达到40%;2020年,实现化肥农药使用负增长	市农业农村委	完成年度任务	农田灌溉水有效利用系数提高到0.72。2019年,天津市全市计划推广测土配方施肥技术农作物播种任务3920平方千米,占全市农作物播种面积的90%以上,截至8月,完成春夏播作物测土配方施肥技术推广面积2784平方千米。小麦统防统治示范作业266.68平方千米,玉米633.4平方千米	小型农田灌溉水利用系数0.72;实现化肥农药负增长	《天津市打好渤海综合治理攻坚战强化作战方案》

序号	指标内容	市牵头部门	截至2019年进展评价	截至2019年底指标完成进度描述	2020年指标预计值	任务来源
19	狠抓农业农村污水治理工作,2019年完成全部规模化养殖场粪污处理配套设施、8个有机肥(农家堆肥)处理中心、6个养殖密集区粪污处理及利用中心建设,推行种养一体绿色循环示范工程,统筹城乡污水处理设施、管网建设,因地制宜推进农村分散地区污水处理设施建设,2020年入海河流流域内现状保留村生活污水处理设施覆盖率达到100%	市农业农村委	完成年度任务	557家畜禽养殖粪污治理工程全部完成;2017—2019年,全市共建设972个村的生活污水处理设施(每年324个)	农村生活污水处理设施覆盖率达到100%	《天津市打好渤海综合治理攻坚战强化作战方案》
20	加强村庄内散养畜禽管理,到2020年全市畜禽粪污综合利用率达到80%以上	市农业农村委	完成年度任务	2018年,557家畜禽养殖污治理工程全部完成。2019年底,全市畜禽粪污综合利用率达到78%以上	80%以上	《中共天津市委、天津市人民政府关于全面加强生态环境保护 坚决打好污染防治攻坚战的实施意见》
21	全面实施规模化畜禽养殖场粪污治理和资源化利用,天津市全市规模化畜禽养殖场粪污处理设施装备配套率达到100%	市农业农村委	完成年度任务	2013—2019年,天津市2 815家规模化畜禽养殖场(小区)治理任务全部完成,天津市全市规模化畜禽养殖场(小区)配套建设废弃物处理利用设施的比例为80%	100%	《天津市打好碧水保卫战三年作战计划(2018—2020年)》

9.2 重点任务完成情况评估

9.2.1 总体任务完成情况

对2015—2019年期间国家及天津市出台的水污染防治相关政策文件进行任务收集及梳理,并对任务的进展情况(截至2020年6月,部分年度指标按照2019年值)进行定性评估。

对任务进展情况的定性评估分为以下几类。

(1)已完成:在要求完成时间内,完成任务要求的内容,评估为"已完成"。

(2)长期推进:对于要求完成时间为长期坚持的任务,有年度分任务并按年度执行的,评估为"长期坚持"。

（3）按计划正在进行：对于评估时间未到截止时间的任务，有年度分任务并按年度计划逐步推进的，评估为"按计划正在进行"。

（4）进度滞后：对于在规定时间内，任务未完成的或者填报信息未明确具体工作的，评估为"进度滞后"。

评估涉及以下相关文件（共8个）。

（1）《天津市水污染防治工作方案》（2015年印发，126项任务）。

（2）《〈重点流域水污染防治规划（2016—2020年）〉天津市实施方案》（2018年印发，88项任务）。

（3）《天津市打好碧水保卫战三年作战计划（2018—2020年）》（2018年印发，74项任务）。

（4）《天津市打好城市黑臭水体治理攻坚战三年作战计划（2018—2020年》（2018年印发，38项任务）。

（5）《天津市打好水源地保护攻坚战三年作战计划（2018—2020年）》（2018年印发，38项任务）。

（6）《天津市打好渤海综合治理攻坚战强化作战方案》（2018年印发，23项任务）。

（7）《天津市打好渤海综合治理攻坚战强化作战方案》文字部分（2019年印发，16项任务）。

（8）《天津市打好渤海综合治理攻坚战强化作战方案》清单部分（2019年印发，243项任务）。

总体评估结果：2015—2020年期间，国家及天津市出台了8个水污染防治相关重要政策文件，涉及重要任务665项。其中："已完成"任务共160项；"按计划正在进行"任务和"长期推进"任务分别为316项和171项；"进度滞后"任务为18项。任务进展情况如图9.1所示。

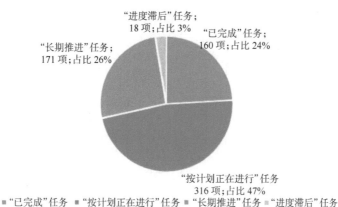

图9.1　任务进展情况图

分文件评估内容如表9.4至表9.8所示。

《天津市水污染防治工作方案》(津政发〔2015〕37号)于2015年12月30日由天津市人民政府印发,其中任务分为六大类,共126项。截至2019年6月,"已完成"任务共26项,完成率为21%;"按计划正在进行"任务和"长期推进"任务分别为38项和57项,任务正在开展率为75%;"进度滞后"任务为5项,占全部任务的4%。

表9.4 《天津市水污染防治工作方案》进展情况与分任务类别统计表

序号	任务类别	进展情况类别				
		合计/项	已完成/项	按计划正在进行/项	长期推进/项	进度滞后/项
1	全面控制污染物排放	24	9	10	5	0
2	全力节约保护水资源	17	1	7	8	1
3	保障水生态环境健康	17	7	6	4	0
4	严格水环境风险控制	12	1	5	4	2
5	大力推动经济结构转型升级	16	0	4	11	0
6	支持保障任务	40	8	6	25	1
	合计	126	26	38	57	5

注:其他文件评估过程略。

表9.5 《天津市水污染防治工作方案》"进度滞后"任务统计表

序号	工作类别	工作内容	牵头部门	要求完成时间	截至2020年6月底任务进度描述	备注
1	全力节约保护水资源	对使用超过50年和材质落后的供水管网进行更新改造,改造管网980千米,2017年公共供水管网漏损率控制在12%以内,2020年控制在10%以内	市水务局	2016—2020年	组织完成对各区节水相关工作人员及节水中心全体职工关于对水效标识管理办法的宣贯会。 加快推动老旧供水管网改造,2019年改造城市老旧供水管网12千米,截至目前,2019年已改造9.404千米。公共供水管网漏损率控制在11%以内。 实施中心城区广开四马路等7片合流制地区改造,中心城区合流制地区已由21.88平方千米减少到13.21平方千米。市城乡建设委已完成和苑、宋庄子等污水空白地区6.32千米截污管道建设。主城区130.62平方千米空白区问题已通过新建管网、棚户区拆迁及铺设临时管线等方式解决。 先锋河、新开河上的2座调蓄池完成主体施工	《天津市节约用水条例》已取消了有关发布节水型产品名录的要求。因此,天津市不再发布节水型产品名录。 改造供水管网980千米任务量巨大

序号	工作类别	工作内容	牵头部门	要求完成时间	截至 2020 年 6 月底任务进度描述	备注
		对使用超过 50 年和材质落后的供水管网进行更新改造,改造管网 980 千米,到 2017 年公共供水管网漏损率控制在 12%以内,到 2020 年控制在 10%以内	市住房城乡建设委	2016—2020 年	2018 年,改造老旧城市供水管网 42 千米(完成了 2018 年 30 千米改造任务);2019 年改造 13 千米(完成了 2019 年 12 千米改造任务);2020 年,计划改造老旧城市供水管网 11 千米。综上,2018—2020 年城市供水管网改造完成 66 千米	—
2	严格水环境风险控制	2017 年底前,完成 3 200 眼水源井地理界标和警示标志设置工作	市水务局	2017 年	609 眼水源井地理界标和警示标志设置工作已全部完成。天津市已实现引滦、引江两个供水水源的建设	水源井数量与实际不符
3	严格水环境风险控制	规范水源保护区管理,强化输水沿线监管,提升监测能力,严格控制水源保护区的建设项目及其他活动。建立健全农村饮用水水源保护措施,分类推进农村水源保护区或保护范围划定工作	市生态环境局	长期	保护区划定工作已完成。分类推进农村水源保护区,保护范围划定工作尚未开展	—
4	大力推动经济结构转型升级	到 2020 年,新建再生水供水管网 443 千米,全市再生水利用率达到 30%以上	市水务局	2020 年	推动再生水管网建设,仅完成 3 项再生水管网断点连接项目	—
5	支持保障任务	加快推进水价改革。积极落实《国家发展改革委 住房城乡建设部关于加快建立完善城镇居民用水阶梯价格制度的指导意见》(发改价格〔2013〕2676 号)的规定,2015 年 11 月 1 日起,全面实行居民阶梯水价制度。具备条件的建制镇积极推进。2020 年底前,全面实行非居民用水超定额、超计划累进加价制度。研究制定具体措施,深入推进农业水价综合改革试点工作	市发展改革委	2015—2020 年	已全面实行居民阶梯水价制度。实行非居民用水超定额、超计划累进加价制度。2018 年制定印发《市发展改革委、市水务局关于建立天津市城镇非居民用水超定额累进加价制度实施方案(试行)的通知》(津发改价管〔2018〕499 号)。2019 年 1 月 1 日起试行定额管理,先行试点。本着以问题为导向的原则,率先在机关事业单位、商场、宾馆、酒店等行业选择试点,对实施用水超定额累进加价管理的非居民用水户,不再实施非居民用水超计划累进加价管理。按照国家要求,以 2016 年统计年鉴公布的有效灌溉面积,天津市农业水价综合改革实施面积为 3 066.4 平方千米,截至 2020 年上半年,累计实施 1 097.1 平方千米,还有 1 969 平方千米尚未完成,未完成比例占 64.22%。2019 年,天津市确定新增改革实施面积 852.7 平方千米,截至 2019 年 6 月,全市累计实施改革面积 200.5 平方千米,完成年度计划的 23.51%	下一步工作:一是开展重点联系,对各区农业水价综合改革工作,加大力度进行重点指导,推动农业水价综合改革工作;二是为规范农业用水"以电折水"计量管理,进一步推进农业水价综合改革工作,制定天津市"以电折水"计量管理的具体规定;三是 2020 年底前,在积累试点改革经验的基础上,对天津市已制定用水定额标准的行业,全面推行非居民用水超定额累进加价制度

表 9.6 《〈重点流域水污染防治规划（2016—2020 年）〉天津市实施方案》"进度滞后"任务统计表

序号	工作类别	工作内容	牵头部门	要求完成时间	截至 2020 年 6 月底任务进度描述
1	饮用水水源环境安全保障	依法取缔农村分散型饮用水水源保护区内排污设施和活动	市水务局、市生态环境局	2020 年	国家尚未要求划定农村分散型饮用水水源保护区

表 9.7 《天津市打好碧水保卫战三年作战计划（2018—2020 年）》"进度滞后"任务统计表

序号	工作类别	工作内容	牵头部门	要求完成时间	截至 2020 年 6 月底任务进度描述
1	推进农业农村污染防治	开展农田退水治理，建设生态沟渠、植物隔离条带、净化塘等设施减缓农田氮磷流失	市农业农村委、市水务局	2020 年	仅在水稻种植过程中提供技术指导与建议

表 9.8 《天津市打好水源地保护攻坚战三年作战计划（2018—2020 年）》"进度滞后"任务统计表

序号	工作类别	工作内容	牵头部门	要求完成时间	截至 2020 年 6 月底任务进度描述	备注
1	全面推进饮用水水源保护区划定	开展农村分散式饮用水水源基础环境状况调查，摸清底数，分类推动保护区或保护范围划定	市生态环境局	2020 年	因为国家尚未出台相关文件指南，未开展	—
2	加快饮用水水源保护区规范化建设	逐步推动全市农村分散式饮用水水源保护区边界标志设立	市生态环境局	2020 年	因为国家尚未出台相关文件指南，未开展	—
3	实施重点饮用水水源地综合治理	清理整治遗留问题，拆除水库 22 米高程线内遗留房屋、畜禽棚舍、种植大棚，清理遗留的建筑垃圾	蓟州区	2018 年	受财政资金影响，拆除工作进度滞后	—
4	保障饮用水安全	对使用超过 50 年和材质落后的供水管网进行更新改造，改造供水管网 400 千米，到 2020 年公共供水管网漏损率控制在 10% 以内	市水务局	2020 年	2019 年改造城市老旧供水管网 12 千米。每月坚持对行业各单位漏损率完成情况进行考核、通报；每季度坚持对各单位漏损率修正情况进行统计，报住建部；组织两期"供水管网漏损控制技术培训"，共有 60 余人赴绍兴参加培训	继续做好月考核工作；密切关注市水务集团漏损率变化趋势，加强沟通，及时解决存在问题

9.2.2　各委办局任务完成情况

2015—2020 年 6 月，国家及天津市出台的水污染防治相关重要政策文件中涉及的任务承担委办局共 19 个,分别为市水务局、市生态环境局、市农业农村委、市规划和自然资源局、市住房城乡建设委、市工业和信息化局、市发展改革委、天津海事局、市财政局、市交通运输委、市城市管理委、市科学技术局、市卫生健康委、人民银行天津分行、市商务局、市金融局、市市场监管委、市应急管理局和市公安局。除了上节部分所列任务滞后,其余计划任务全部完成。

第十章 主要污染防治工程成效评估

10.1 总体进展完成情况

10.1.1 工程类型

根据工程类型将 2016 年以来水污染防治各类主要任务和措施分为以下四大类,共 16 小项。

第一类:污染治理类。

(1)城镇污染治理:主要包括城镇污水处理设施建设和改造工程、城镇配套管网建设和改造工程及其他城镇污染治理工程。

①城镇污水处理设施建设和改造工程主要为污水处理厂提标改造工程、新建扩建污水处理厂工程等。

②城镇配套管网建设和改造工程主要为新建城镇雨污水配套管网工程、雨污分流改造工程、积水点改造工程、雨污混接点排查工程、雨污混接点改造工程、初期雨水收集与处理工程(调蓄池建设工程)等。

③其他城镇污染治理工程主要为再生水利用工程、污泥处理处置设施建设与改造工程等。

(2)工业污染治理:主要包括企业清洁化改造工程、工业集聚区污水集中收集处理设施建设与改造工程、部分行业专项治理工程等。

(3)农业农村污染治理:主要包括畜禽养殖污染治理工程、水产养殖污染治理工程、农村生活污水治理工程、农业面源治理工程、建制村环境综合整治工程。

①畜禽养殖污染治理工程主要为规模化畜禽养殖场粪污治理工程,通过种养一体模式或淘汰模式,实现粪污资源化利用。

②水产养殖污染治理工程主要为生态养殖示范场建设工程、现代都市型农业池塘改造工程、放心水产品基地建设工程、湿地范围内退渔还湿工程、工厂化养殖治理工程、渔业增殖放流工程等。

③农村生活污水治理工程主要为农村污水处理站及配套管网建设工程。

④农业面源污染治理工程主要为化肥零增长项目、农药零增长项目、农作物病虫害专业化统防统治项目、高效经济作物绿色防控示范区建设工程等。

⑤建制村环境综合整治工程通过工程建设,使生活污水处理率达到 60% 以上,生活垃圾无害化处理率达到 70% 以上,畜禽粪便综合利用率达到 70% 以上,饮用水卫生合格率达到 90% 以上。

第二类：生态修复类。

①水生态环境综合整治工程主要包括河流、河道、湖泊、水库及岸边污染源清理工程、疏浚清淤工程、垃圾清理工程、河（湖）滨缓冲带与湿地建设工程、滨岸景观带建设工程、生物调控工程等。

②水资源优化调度工程主要包括水系连通工程、生态补水工程等。

第三类：监管能力建设类。

①自动监测站建设工程，主要包括地表水自动监测站建设及升级工程（入境、国控、市控、区内）、在线监测与应急指挥中心项目建设工程等。

②其他监管能力建设工程主要包括河道视频监控建设工程、区级环境监测专用仪器采购项目、河长制管理系统建设工程、河长制考核工作等。

第四类：其他。

①地下水源转换及饮用水提质增效工程主要包括地下水压采水源转换工程、饮用水提质增效工程、供水管网改造工程等。

②加油站改造工程主要把加油站油罐改为双层罐。

③其他工程主要包括封井回填工程、高效节水灌溉工程等。

10.1.2　完成情况

天津市 16 个行政区依据《天津市水污染防治工作方案》和天津市实际情况，编制水体达标方案。16 个水体达标方案涉及项目分为污染防治类、水环境综合整治与生态修复类、水资源优化调度类、能力建设类 4 大类、35 个小类工程。全市各区共安排工程项目 1 940 项，投资金额 355.55 亿元。

根据实际调查，全市各区 2016—2020 年在水环境改善方面完成的重点工程项目约 7 422 项，其中 2016 年和 2019 年的项目数量最多，2017 年和 2018 年的项目数量次之，2020 年项目最少，仅 144 项，占全部项目总数的 2%。

全市各区 2016—2020 年在水环境改善方面完成的重点项目投资共计约 358 亿元，其中 2020 年投资最多（主要为 3 项垃圾处理项目和 1 项海绵城市建设项目，单项投资高，4 项约占全年投资总额的 61%）。其次为 2019 年、2017 年和 2018 年，2016 年投资最少。其中，2018 年和 2016 年略低于这 5 年的平均投资水平。

2016—2018 年，全市各区在水环境改善方面完成的重点工程约 5 317 项，投资金额约 184 亿元。2019—2020 年，全市各区在水环境改善方面完成的重点工程约 2 115 项，投资金额约 174 亿元，如表 10.1、图 10.1 所示。

表 10.1　2016—2020 年天津市水污染防治工程统计表

年份	工程数量 / 个	项目投资金额 / 万元
2016 年	2 140	455 206
2017 年	1 495	714 303

续表

年份	工程数量 / 个	项目投资金额 / 万元
2018 年	1 682	673 553
2019 年	1 961	744 393
2020 年	144	996 942
合计	7 422	3 584 397

图 10.1　2016—2020 年天津市水污染防治工程数量及投资统计图

10.2　工程实施完成情况

10.2.1　分工程类型完成情况

天津市各区治理工程调研结果按四大类分类统计情况如下：2016—2020 年，天津市现有工程项目中污染治理类项目数量和投资金额最多，项目约 4 617 项，投资金额约为 198 亿元，约占总数量的 62%，约占总投资金额的 55%。生态修复类项目数量位居第二，投资金额位居第三，分别约为 2 056 项和 57 亿元。其他类项目数量位居第三，投资金额位居第二，分别约为 639 项和 101 亿元，其他类项目主要为加油站改造，投资贡献主要为生活垃圾处理处置。

天津市各区治理工程调研结果按 16 小项分类统计情况如下。

从项目数量来看，16 小项工程中水生态环境综合整治、畜禽养殖污染治理和农村生活污水治理项目数量最多；其次为城镇配套管网建设、加油站改造和工业污染治理项目；再次为城镇污水处理设计建设和改造、自动站建设和建制村环境综合整治；数量最少的是其他城镇污染治理、其他环境监管能力建设、其他水资源优化调度、地下水源转换及饮用水提质增效、农业面源污染治理和水产养殖污染治理，如图 10.2、表 10.2 所示。

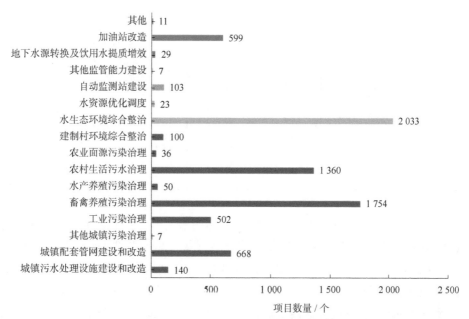

图 10.2 2016—2020 年天津市现有工程数量分类统计图

表 10.2 2016—2020 年天津市工程项目数量分类统计表

序号	项目类型		工程数量（计划内项目）/ 个							
			总计	2016 年	2017 年	2018 年	2019 年	2020 年	2016—2018 年	2019—2020 年
1	污染治理类	城镇污水处理设施建设和改造	140	58	67	8	6	1	133	7
2		城镇配套管网建设和改造	668	40	105	119	388	16	264	404
3		其他城镇污染治理	7	1	3	3	0	0	7	0
4		工业污染治理	502	5	77	418	2	0	500	2
5		畜禽养殖污染治理	1 754	220	482	387	665	0	1 089	665
6		水产养殖污染治理	50	11	10	12	17	0	33	17
7		农村生活污水治理	1 360	55	410	372	523	0	837	523
8		农业面源污染治理	36	9	9	8	10	0	26	10
9		建制村环境综合整治	100	15	25	30	30	0	70	30
10	生态修复类	水生态环境综合整治	2 033	1 641	79	26	170	117	1 746	287
11	监管能力建设类	水资源优化调度	23	3	7	2	7	4	12	11
12		自动监测站建设	103	13	37	36	17	0	86	17
13		其他监管能力建设	7	1	1	3	2	0	5	2

序号	项目类型		现有工程数量(计划内项目)/个							
			总计	2016 年	2017 年	2018 年	2019 年	2020 年	2016—2018 年	2019—2020 年
14	其他	地下水源转换及饮用水提质增效	29	5	8	9	6	1	22	7
15		加油站改造	599	61	173	247	118	0	481	118
16		其他	11	2	2	2	0	5	6	5
合计			7 422	2 140	1 495	1 682	1 961	144	5 317	2 105

从投资情况来看,投资金额最多的是农村生活污水治理,约 81 亿元,约占全市投资金额的 23%;城镇配套管网建设和改造、城镇污水处理设施建设和改造、地下水转换及饮用水提质增效、水生态环境综合整治四类项目投资金额较多,分别约为 51 亿元、45 亿元、37 亿元、36 亿元;水资源优化调度、其他城镇污染治理两类项目投资金额较少,分别约为 21 亿元和10 亿元;畜禽养殖污染治理、工业污染治理、自动监测站建设、水产养殖污染治理、加油站改造、农业面源污染治理、建制村环境综合整治、其他监管能力建设 8 类项目投资金额最少,治污潜力大。

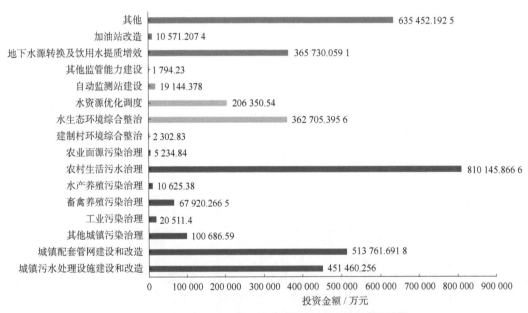

图 10.3　2016—2020 年天津市现有工程投资分类统计图

表 10.3 2016-2020 年天津市实际工程项目投资分类统计表

序号	项目类型		实际工程项目投资情况 / 万元					
			总计	2016 年	2017 年	2018 年	2019 年	2020 年
1	污染治理类	城镇污水处理设施建设和改造	451 460	84 850	282 753	17 059	46 798	20 000
2		城镇配套管网建设和改造	513 762	72 104	118 948	91 593	131 808	99 309
3		其他城镇污染治理	100 687	687	35 186	64 814	0	0
4		工业污染治理	20 511	150	2 038	20	18 303	0
5		畜禽养殖污染治理	67 920	12 036	21 048	13 337	21 500	
6		水产养殖污染治理	10 625	1 771	1 874	3 426	3 554	0
7		农村生活污水治理	810 146	104 207	131 538	381 923	192 477	
8		农业面源污染治理	5 235	702	2 017	1 675	841	0
9		建制村环境综合整治	2 303	2 218	0	0	84	0
10	生态修复类	水生态环境综合整治	362 705	137 157	65 481	56 242	51 095	52 730
11	监管能力建设类	水资源优化调度	206 351	12 366	25 457	8 795	31 184	128 549
12		自动监测站建设	19 144	2 269	9 375	4 698	2 802	0
13		其他监管能力建设	1 794	299	400	505	590	0
14	其他	地下水源转换及饮用水提质增效	365 730	12 330	8 023	20 807	242 570	82 000
15		加油站改造	10 571	120	3 726	5 940	785	0
16		其他	635 452	11 939	6 439	2 720	0	614 354
合计			3 584 397	455 206	714 303	673 553	744 391	996 942

10.2.2 分行政区评估情况

天津市各区工程项目情况和投资分区行政区统计,如图 10.4 所示。市内六区工程投资排名:红桥区(含海绵城市建设,投资 20 亿元)、南开区、河北区、河西区、河东区、和平区。环城四区工程投资排名:北辰区、西青区、东丽区、津南区。远郊区投资排名:武清区、宝坻区、滨海新区、宁河区、静海区、蓟州区,如表 10.4 所示。结合水环境质量情况,东丽区、津南区、宁河区以及静海区应加大水质改善项目投资力量。

2016—2020 年天津市工程项目数量分区统计图

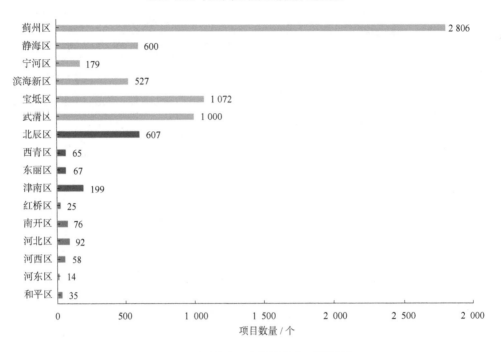

2016—2020 年天津市工程项目投资分区统计情况

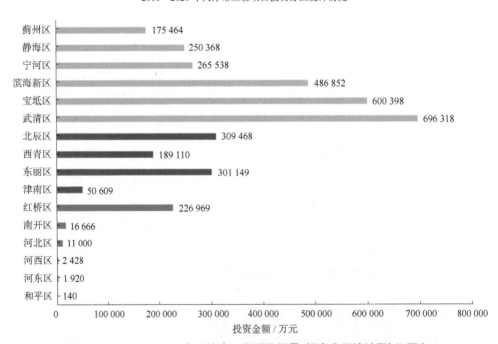

图 10.4　2016—2020 年天津市工程项目数量、投资分区统计图（组图）

表 10.4　2016—2020 年天津市实际工程项目投资情况分区统计表

序号	行政区	实际工程项目投资情况 / 万元					
		合计	2016 年	2017 年	2018 年	2019 年	2020 年
1	和平区	140	0	0	28	112	0
2	河东区	1 920	0	0	560	1 360	0
3	河西区	2 428	0	230	1 726	472	0
4	河北区	11 000	836	9 514	600	50	0
5	南开区	16 666	0	2 857	10 786	3 022	0
6	红桥区	226 969	0	220	2 178	24 571	200 000
7	津南区	50 609	10 095	8 588	12 850	9 505	9 571
8	东丽区	301 149	243	39 197	507	11 201	250 000
9	西青区	189 110	18 706	59 014	73 415	37 976	0
10	北辰区	309 468	5 646	63 287	44 088	59 448	137 000
11	武清区	696 318	65 103	81 310	128 255	192 339	229 310
12	宝坻区	600 398	89 984	81 371	69 254	267 861	91 929
13	滨海新区	486 852	70 250	237 193	110 507	68 901	0
14	宁河区	265 538	12 692	39 334	182 986	30 526	0
15	静海区	250 368	38 238	77 147	23 723	32 129	79 132
16	蓟州区	175 464	143 413	15 041	12 091	4 920	0
	合计	3 584 397	455 206	714 303	673 553	744 393	996 942

10.3　主要工程成效分析

结合重点工程,对工程成效进行如下测算。

10.3.1　城镇污水处理厂

1. 市内六区

2016—2020 年,红桥区对区内 10 家社区卫生服务中心污水处理设施进行更新改造,投资金额约为 217.17 万元;河北区对区内中医二附属污水处理设施进行建设,投资金额约为 200 万元。

2. 环城四区

2016—2020 年,环城四区完工或在建城镇污水处理厂项目共 15 个,投资金额共计约 9.6 亿元,累计新增处理规模 10 万吨 / 日,提标改造处理规模 33.85 万吨 / 日,如表 10.5 所示。

其中,北辰区投资最多,东丽区投资最少。9 个污水处理厂提标改造项目中,新增项目为 6 个,分别为:东丽区华明高新区污水处理厂提标改造项目、东丽开发区污水处理厂建设项目、北辰区科技园区和西堤头污水处理厂应急提标项目、北辰区大双和双青污水处理厂扩建项目。

表 10.5　环城四区城镇污水处理厂成效统计表

序号	行政区	工程数量/个			新增处理规模/(万吨/日)	提标改造处理规模/(万吨/日)	工程投资/万元
		总计	宗工	在建			
1	东丽区	4	4	0	2	2.55	6 318.32
2	西青区	1	1	0	0	6.00	16 000.00
3	津南区	4	4	0	0	11.50	18 400.00
4	北辰区	6	4	2	8	13.80	55 600.00
	合计	15	13	2	10	33.85	96 318.32

3. 远郊区

2016—2020 年,远郊区完工或在建城镇污水处理厂项目共 124 个,投资金额共计约 34.5 亿元,累计新增处理规模约 17.9 万吨/日,提标改造处理规模约 140.5 万吨/日,如表 10.6 所示。

其中,滨海新区和武清区投资最多,宝坻区和蓟州区投资最少。新增项目分别为:蓟州区新建建镇级污水处理站 17 座、武清区新建污水处理厂 9 座、滨海新区污水处理厂提标改造 2 座、滨海新区新建污水处理厂 1 座、滨海新区扩建污水处理厂 3 座。

表 10.6　远郊区城镇污水处理厂成效统计表

序号	行政区	工程数量/个			新增处理规模/(万吨/日)	提标改造处理规模/(万吨/日)	工程投资/万元
		总计	完工	在建			
1	滨海新区	32	31	1	10.80	80.01	182 753.500 0
2	武清区	39	39	0	3.850	21.945	60 708.488 0
3	静海区	13	13	0	0.00	15.850	39 581.000
4	宁河区	5	5	0	0.00	8.300	26 767.350 0
5	宝坻区	15	15	0	0.253	7.000	17 839.387 6
6	蓟州区	20	20	0	3.000	7.400	17 100.250 0
	合计	124	123	1	17.903	140.505	344 749.975 6

10.3.2　城镇排水管网

对各区治理任务完成情况进行统计,天津市全市在"十三五"期间共新建污水和雨水管网 498 千米,如表 10.7 所示,其中滨海新区、武清区、宝坻区修建管网长度较长,河西区、河东区、津南区、静海区在控制城镇污染源方面潜力较大。

表 10.7　各区城镇管网成效统计表

序号	行政区	新建管网长度
1	河西区	724 米
2	和平区	—
3	红桥区	—
4	河北区	21 565 米;调蓄容积 5.07 万立方米
5	东丽区	20 985 米
6	南开区	24 310 米
7	河东区	300 米
8	西青区	25 110 米
9	津南区	2 640 米
10	北辰区	26 560 米
11	武清区	108 610 米
12	宝坻区	98 275 米
13	蓟州区	30 116 米
14	静海区	7 055 米
15	滨海新区	131 820 米
16	宁河区	—
合计	—	498 070 米

10.3.3　水环境综合整治

对各区治理任务完成情况进行统计,天津市全市于"十三五"期间在水环境综合整治方面的工程主要为河道清淤、环境综合整治、城市黑臭水体治理、农村坑塘沟渠治理和河道泵站新建扩建项目。共完成环保疏浚约 276 万吨,项目主要集中在西青区、武清区、静海区,如表 10.8 所示。

表 10.8　各区水环境综合整治成效统计表

序号	行政区	项目数量 / 个	清淤量 / 吨	其他
1	和平区	1	—	—
2	红桥区	5	8 000	—
3	南开区	18	16 500	—
4	河东区	4	—	—
5	河西区	3	550	—
6	河北区	2		
7	东丽区	4	—	3 个泵站
8	西青区	18	1 694 603	5 个泵站

续表

序号	行政区	项目数量/个	清淤量/吨	其他
9	津南区	7	—	2个泵站
10	北辰区	14	—	—
11	武清区	17	431 198	3个水系连通
12	宝坻区	50	73 837	15个坑塘;30个农村黑臭水体
13	宁河区	9	—	—
14	蓟州区	2 811	3 545	"清四乱"978处;农村坑塘885座;沟渠714条
15	静海区	18	532 261	—
16	滨海新区	41	—	—
	合计	3 022	2 735 444	—

第十一章　天津市地表水环境质量成效分析

11.1　国考断面超额完成年度目标

"十三五"期间,天津市设有国考断面共计 20 个,分布于 17 条河流、2 个水库中。2020年,天津市 20 个国考断面中,Ⅰ~Ⅲ类水质断面 11 个,占 55.0%;无劣Ⅴ类水质断面。12 条入海河流水环境质量全部消除劣Ⅴ类,建成区全部消除黑臭水体,地级及以上集中式饮用水水源地水质均达到地表水Ⅲ类及以上标准,如图 11.1 所示。

"十三五"期间,天津市国考断面水质呈现逐年改善趋势,Ⅰ~Ⅲ类水质比例从 2014 年的25.0% 升至 2020 年的 55.0%,升高了 30 个百分点;劣Ⅴ类水质比例从 2014 年的 65.0% 降至2020 年的 0%,降低了 65 个百分点;主要污染物化学需氧量、高锰酸盐指数、氨氮和总磷平均浓度分别从 2016 年的 31、8.3、1.53、0.22 毫克 / 升下降至 2020 年的 22.23、6.375、0.30、0.097 毫克 / 升,较 2014 年分别下降 52%、40%、87% 和 70%,如表 11.1、图 11.2、图 11.3 所示。

图 11.1　2020 年国考断面分布及水质类别情况示意图

表 11.1　天津市地表水国考断面水质目标（2020 年）

优良水体比例（Ⅰ~Ⅲ类）					丧失使用功能水体比例（劣Ⅴ类）				
2016 年	2017 年	2018 年	2019 年	2020 年	2016 年	2017 年	2018 年	2019 年	2020 年
25%	25%	25%	25%	25% 40%（天津攻坚目标）	60%	60%	55%	55%	50% 30%（天津攻坚目标）

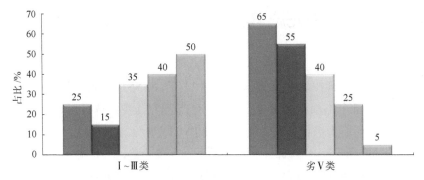

图 11.2　2014—2020 年天津市国考断面实际水质类别变化趋势图

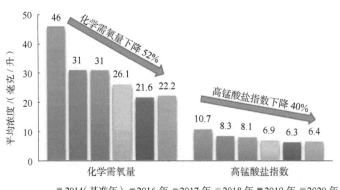

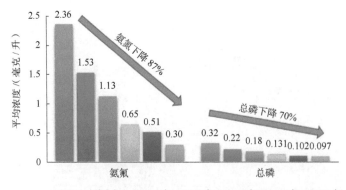

图 11.3　2014—2020 年天津市国考断面主要污染物浓度变化趋势图（组图）

11.2 天津市地表水环境持续改善

11.2.1 各水系水质类别明显提升

对 2016 年和 2020 年 1 月的水质数据进行分水系对比分析,可以看出:全市水质状况大幅提升,由 2016 年 1 月的重度污染改善为 2020 年 1 月的轻度污染,Ⅰ~Ⅲ类比例上升了 27%,劣 V 类比例下降了 76%;各水系水质状况全部改善,由 2016 年 1 月的全部重度污染改善为仅独流减河为中度污染,其余水系均为轻度污染,如表 11.2、图 11.4、图 11.5 所示。

表 11.2 2016 年与 2020 年初天津市五大水系水质类别比例构成表

序号	水系名称	Ⅰ~Ⅲ类比例 /%		Ⅳ~V类比例 /%		劣V类比例 /%		水质状况	
		2016 年 1 月	2020 年 1 月	2016 年 1 月	2020 年 1 月	2016 年 1 月	2020 年 1 月	2016 年 1 月	2020 年 1 月
1	蓟运河	14.29	28.57	28.57	57.14	57.14	14.29	重度污染	轻度污染
2	永定新河	0.00	20.83	0.00	70.83	100.00	8.33	重度污染	轻度污染
3	海河	0.00	46.88	21.74	46.88	78.26	6.25	重度污染	轻度污染
4	独流减河	0.00	7.69	7.14	69.23	92.86	23.08	重度污染	中度污染
5	南四河	0.00	0.00	25.00	100.00	75.00	0.00	重度污染	轻度污染
	全市	1.43	28.40	12.86	61.73	85.71	9.88	重度污染	轻度污染

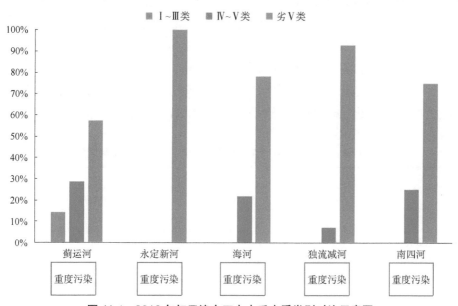

图 11.4 2016 年初天津市五大水系水质类别对比示意图

(注:数据时间为 2016 年 1 月)

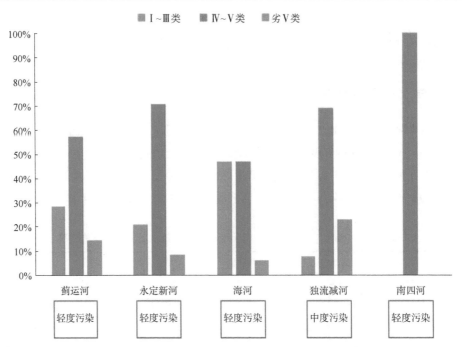

图 11.5　2020 年初天津市五大水系水质类别对比示意图

（注：数据时间为 2020 年 1 月）

11.2.2　主要河流水污染物浓度明显降低

"十三五"期间，天津市地表水境内考核断面共 92 个，包括 20 个国考断面和 72 个市考断面。以 2013—2019 年数据为基础，对 4 项主要污染物浓度进行分析，可以看出：2013—2015年，即"十三五"之前，天津市境内主要污染物浓度整体变化不大，氨氮甚至出现过小幅上涨；进入"十三五"时期，随着一系列水污染防治措施的实施，全市境内主要污染物浓度出现"拐点"，整体呈下降趋势，氨氮和总磷降幅明显，较 2014 年基准年分别下降了 68% 和50%，高锰酸盐指数和化学需氧量分别下降了 33% 和 41%，如表 11.3、图 11.6 所示。

表 11.3　近年天津市地表水水质考核断面及主要污染物浓度

断面及水质	时间						
	2013 年	2014 年	2015 年	2016 年	2017 年	2018 年	2019 年
有效监测断面 / 个	138	141	141	87	91	92	92
高锰酸盐指数 /（毫克 / 升）	12.1	12	11.6	10.1	8.71	7.8	8.0
化学需氧量 /（毫克 / 升）	47	48	46	37	34.53	30.4	28.3
氨氮 /（毫克 / 升）	3.33	3.51	3.06	2.71	1.90	1.79	1.11
总磷 /（毫克 / 升）	0.48	0.45	0.43	0.49	0.40	0.33	0.223

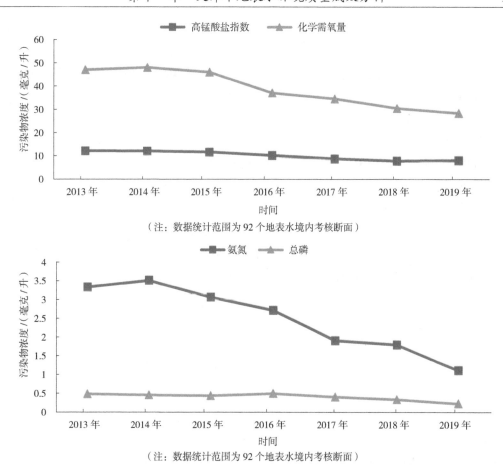

（注：数据统计范围为92个地表水境内考核断面）

（注：数据统计范围为92个地表水境内考核断面）

图 11.6　2013—2019 年天津市地表水水质主要污染物浓度变化趋势图(组图)

11.2.3　各区水环境质量提升明显

2020 年,天津市大部分行政区地表水主要污染因子为高锰酸盐指数、化学需氧量、氨氮和总磷,其浓度与 2018 年相比都有所下降,各区水质平均改善率为 25%。各区地表水综合污染指数基本呈逐年下降趋势,水质较好的是红桥区、和平区、河西区。

11.3　入海河流主要污染物浓度不断下降

2020 年,天津市全市 12 条主要入海河道的化学需氧量浓度与 2016 年相比有以下变化。

显著改善河道 4 条:大沽排水河的化学需氧量浓度年均值降幅 58%、东排明渠的化学需氧量浓度年均值降幅 49%、沧浪渠的化学需氧量浓度年均值降幅 28%、永定新河的化学需氧量浓度年均值降幅 26%。

一般改善河道 4 条:海河的化学需氧量浓度年均值降幅 17%、蓟运河的化学需氧量浓度年均值降幅 15%、子牙新河的化学需氧量浓度年均值降幅 15%、独流减河的化学需氧量浓度年均值降幅为 6%。

部分恶化河道 4 条:北排水河的化学需氧量浓度年均值增幅 40%、付庄排干的化学需氧量浓度年均值增幅 30%、荒地河的化学需氧量浓度年均值增幅 15%、青静黄排水渠的化学需氧量浓度年均值增幅 13%。

2020 年,天津市全市 12 条主要入海河道的氨氮浓度与 2016 年相比有以下变化。

显著改善河道 8 条:东排明渠的氨氮浓度年均值降幅 91%、永定新河的氨氮浓度年均值降幅 71%、独流减河的氨氮浓度年均值降幅 63%、蓟运河的氨氮浓度年均值降幅 61%、海河的氨氮浓度年均值降幅 59%、子牙新河的氨氮浓度年均值降幅 54%、北排水河的氨氮浓度年均值降幅 54%、大沽排水河的氨氮浓度年均值降幅 54%。

一般改善河道 1 条:沧浪渠的氨氮浓度年均值降幅 10%。

部分恶化河道 3 条:付庄排干的氨氮浓度年均值增幅 58%、荒地河的氨氮浓度年均值增幅 41%、青静黄排水渠的氨氮浓度年均值增幅 11%。

第十二章　天津市水污染防治绩效评价研究

12.1　水污染防治绩效评价 DPSIR 模型概况

根据国内外文献及相关标准,水环境治理绩效评价的 DPSIR 模型和相关指标体系的构建主要遵守四大原则。

（1）代表性。即各要素或指标能够反映水环境治理以及社会经济活动等对水环境状态的作用或压力,从而有利于更好地进行比较分析。

（2）科学性。即选取要素或指标的理论依据须科学合理,且整个指标体系的标准化、指标含义、分析、计算、评价等都应规范、真实、可靠。

（3）综合性。即所选取的要素或指标和所构建的指标体系应全面、综合地评价水环境治理绩效,能够全面地反映出与评价地区水环境治理举措一致的社会、经济、生态环境等多方面的情况。

（4）可操作性。即指标数据的可获得性好,选取的数据应易于得到,从而有利于对指标体系的分析研究。

利用驱动力—压力—状态—影响—响应模型（DPSIR 模型）构建天津市水污染防治绩效的评价模型。在该模型的基础上设计一套包含目标层、准则层、要素层和指标层 4 个层级、涵盖 30 个指标的绩效评价体系,并应用该评价体系对 2016 年、2017 年和 2018 年的天津市水污染防治绩效进行测算。

DPSIR 模型是一种基于因果关系组织信息及相关指数的框架,存在着从"驱动力"到"响应"即"驱动力—压力—状态—影响—响应"的因果关系链。本研究所构建的 DPSIR 模型涵盖了经济、社会、生态、环境等多方面要素,可表明这些要素对水环境所产生的威胁和影响,同时也可表明人类能够通过自身对各要素的"响应"来实现对各要素的反馈,如图 12.1 所示。

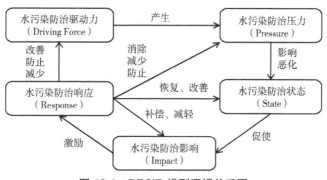

图 12.1　DPSIR 模型逻辑关系图

1. 驱动力要素

驱动力要素为深层次驱动水污染防治工作变化的原因,主要包括推动社会经济发展方面的要素,即经济发展类要素和社会发展类要素。经济发展类要素主要指人均 GDP 增长率、人均可支配收入、人均消费支出、物价水平和消费水平等水环境变化最具原始性和关键性的指标。社会发展类要素主要指可反映人口、农业、工业、能源以及城市发展等变化和发展程度的指标,如人口密度、人均耕地面积、工业化率和城市化率等。

2. 压力要素

压力要素为人类受到驱动力的驱使而进行的各种活动对水污染和水环境治理工作所施加的压力。压力要素通常以生产和消费过程所产生的后果的形式出现,可以分为用水压力和水环境压力。

3. 状态要素

状态要素定义为水环境在压力的作用下所处的状态,是压力要素的结果性要素,状态要素应描述在不同生态系统层级上水环境的物理状态,主要包括水文特征、水资源可持续性以及水体质量等水环境要素。

4. 影响要素

影响要素定义为在水环境状态发挥作用后,促使水、生产、生活和生态环境状态发生改变的定性或定量要素,可以包括社会经济影响、生态环境影响和公众影响。

5. 响应要素

响应要素定义为对水环境从驱动力要素到影响要素在内的多重要素所采取的管理和管制措施,是广义水环境治理绩效评价模型中最能体现治理行为的要素,可以从环境响应、管理响应等方面加以考虑。

12.2　天津市水污染防治绩效评价指标体系构建

12.2.1　评价指标体系的构建

本书在广义水环境治理绩效评价的 DPSIR 模型基础上构建天津市水污染防治绩效评价指标体系。按照《天津市水污染防治条例》的要求,评价指标体系应包括"水污染共同防治""饮用水水源保护""工业水污染防治""城镇水污染防治""农业和农村水污染防治""水污染事故预防与处置""区域水污染防治协作"七大内容,因此天津市水污染防治绩效评价体系须涵盖以上 7 部分内容以保证治理绩效评价的综合性和科学性。

结合上述提出的广义水环境治理绩效评价的 DPSIR 模型,并根据 2016—2018 年《天津市统计年鉴》《天津市水资源公报》及各委局、各区报送支撑材料中相对应的指标及指标数据,构建天津市水污染防治绩效评价体系。该体系包括目标层、准则层、要素层和指标层 4 阶层级。准则层为目标层的细分层级,包括 DPSIR 模型的 5 项基本准则;要素层为准则层的细分层级,选取要素涵盖天津市"水污染共同防治""饮用水水源保护""工业水污染防治""城镇水污染防治""农业和农村水污染防治""水污染事故预防与处置""区域水污染防治协作"7项要求;指标层为要素层的细分层级。

（1）驱动力指标。本研究选取GDP年增长率、人口自然增长率和人均水资源量增长率3项指标作为经济要素和社会要素的二级指标,以衡量天津市经济社会发展对天津市水环境的驱动性作用。

（2）压力指标。本研究选取全市总用水量、工业万元产值用水量、农田灌溉水有效利用系数3项指标作为用水压力要素的二级指标,以生活污水排放总量、工业废水排放总量、废水中化学需氧量（COD）排放量、废水中氨氮排放量4项指标作为水环境压力要素的二级指标,以衡量天津市水污染对整体环境造成的压力。

（3）状态指标。本研究主要考虑天津市水环境的物理状态,即水质、资源可持续性方面在不同生态环境层级上的实际情况,以Ⅰ~Ⅲ类水质断面占比、城市用水普及率、大中型水库年末蓄水总量增长率、水环境功能区水质达标率、平均水资源利用率5项指标作为综合指标衡量天津市水环境状态。

（4）影响指标。本研究选取单方水GDP产值、建成区绿化覆盖率、生态环境补水量、公众对水环境健康及安全的满意度4项指标作为综合性指标,以衡量天津市水污染防治对社会经济、生态环境和公众的影响效果。

（5）响应指标。为全面评价天津市水污染防治绩效,"响应"准则层涵盖环境响应、管理响应两个要素层指标,两个要素层又下设11项二级指标,这些指标包括污水集中处理率、污水排放水质达标率、工业废水排放达标率、废水综合利用率、城市饮用水水源地水质达标率、环保部门向企业颁发排污许可证增长率、城市污水管网增长率、水污染防治相关法规标准健全性、水污染防治管理体制完善率、水利投资比例、区域水环境管理与生态补偿。指标的设置既满足广义水环境治理绩效DPSIR模型中从响应宏观政策到环境政策的要求,又能够体现天津市在水污染防治中从政策推行到实践绩效的治理动作。

12.2.2　评价指标权重的确定

评价指标权重通过专家排序法确定。本研究结合国内外现有研究以及相关领域专家学者意见,开展准则层权重排序、要素层权重排序和指标层权重排序3部分工作,对各部分工作中的指标进行调查并按其重要程度排序,其中最重要的指标记为1,次重要指标记为2,以此类推。初步汇总专家意见并形成指标权重初稿,将结果反馈给各位专家,专家可根据反馈的结果对自己的评价得分进行修正,经过多轮专家意见征询和反馈,通过取平均值的方式得到最终指标权重。依据此方法计算得出全部准则层、要素层以及指标层指标权重。天津市水污染防治绩效评价指标体系如表12.1所示。

表 12.1　天津市水污染防治绩效评价指标体系

目标层	准则层	要素层	指标层	指标单位	2020年	2018年	2016年	指标权重	《天津市水污染防治条例》中对应内容
天津水污染防治绩效评价体系	驱动力（3个）	经济	GDP年增长率	%	1.40	3.99	6.21	0.018 75	第十四条：经济社会发展水平
		社会	人口自然增长率	‰	1.25	2.60	1.83	0.018 75	
			人均水资源量增长率	%	20.68	-31.44	45.50	0.020 00	第十八条：提高流域环境资源承载能力
	压力（7个）	用水压力	全市总用水量	亿立方米	28.42	28.74	27.65	0.025 00	第四十条：节约用水
			工业万元产值用水量	立方米	6.64	6.90	7.63	0.025 00	
			农田灌溉水有效利用系数	—	0.708	0.68	—	0.025 00	第五十八条：鼓励节水灌溉等措施
		水环境压力	生活污水排放总量	亿吨	—	2.430 8	2.338 2	0.025 00	第十三条：水污染物排放浓度控制和重点水污染物排放总量控制
			工业废水排放总量	亿吨	1.77	3.551 0	3.596 9	0.025 00	第二十条：排放重点水污染的项目应当符合重点水污染物排放总量要求
			废水中化学需氧量（COD）排放量	万吨	8.70	9.26	10.33	0.025 00	
			废水中氨氮排放量	万吨	1.30	1.42	1.56	0.025 00	
	状态（5个）	综合指标	Ⅰ～Ⅲ类水质断面占比	%	55	40	20	0.037 50	第四条：保护和改善水环境质量
			城市用水普及率	%	100	100	100	0.037 50	第五章：城镇水污染防治
			大中型水库年末蓄水总量增长率	%	—	10.04	11.62	0.037 50	第十八条：提高流域环境资源承载能力
			水环境功能区水质达标率	%	30.8	19.8	—	0.037 50	第四条：保护和改善水环境质量
			平均水资源利用率	%	>100	>100	>100	0.037 50	第三十四条：提高水重复利用率
	影响（4个）	社会经济影响	单方水GDP产值	元/立方米	692.52	645.41	645.08	0.045 00	第四十条：节约用水
		生态环境影响	建成区绿化覆盖率	%	—	36.8	37.2	0.045 00	第十八条：生态环境治理与保护工程
			生态环境补水量	亿立方米	10.65	6.40	4.49	0.045 00	第十八条：流域环境资源承载能力
		公众影响	公众对水环境健康及安全的满意度	%	69.68	69.68	69.68	0.045 00	第十条：提高公民的水环境保护意识，拓宽公众参与水环境保护的渠道

目标层	准则层	要素层	指标层	指标单位	2020年	2018年	2016年	指标权重	《天津市水污染防治条例》中对应内容
天津水污染防治绩效评价体系	响应（11个）	环境响应	污水集中处理率	%	93.5	92.5	92.1	0.037 50	第四十六条:提高城镇污水的处理率
			污水排放水质达标率	%	91.6	—	94	0.037 50	第五十条:保障处理设施正常运行,确保出水水质达到国家和天津市相关排放标准
			工业废水排放达标率	%	85.2	74.2	100	0.037 50	第四十三条:建设污水集中处理设施,并安装自动在线监控设施
			废水综合利用率	%	—	35.1	31.9	0.037 50	第九条:鼓励支持再生水利用
			城市饮用水水源地水质达标率	%	100	100	100	0.037 50	第三十五条至第三十九条:饮用水水源保护
		管理响应	环保部门向企业颁发排污许可证增长率	%	93.7	100	0	0.034 38	第十六条:排污许可管理制度
			城市污水管网增长率	%	1.5	0.95	0.77	0.034 38	第四十六条:加强城镇污水集中处理设施及配套管网的规划、建设
			水污染防治相关法规标准健全性	分	85	80	75	0.037 50	第十一条:制定本区环境治理措施和实施方案、地方标准
			水污染防治管理体制完善率	分	85	80	75	0.037 50	第八条:水环境保护目标责任制和考核评价制度
			水利投资比例	%	—	2.02	1.42	0.034 38	第五条:财政投入,专款专用
			区域水环境管理与生态补偿	分	80	85	75	0.034 38	第六十五条:统一协同的流域水环境管理机制;第六十八条:永久性保护生态区域生态补偿机制

12.3　天津市水污染防治绩效评价研究

12.3.1　指标数据来源

本次评估指标的数据来源于国家统计局网站、天津统计局网站、2016—2020年《天津市统计年鉴》《天津市水资源公报》《天津市环境状况公报》以及各委局、各区报送支撑材料中相对应的指标及指标数据,资料完整度较好,数据真实可信。

12.3.2 绩效得分计算

对所有指标进行 0~100 分的打分,其中每个指标得分均精确至小数点后 2 位;最终由各指标得分值进行加权求和得出某年水污染防治评估绩效综合得分,即天津市水污染防治评估绩效综合得分,计算公式如下:

$$\bar{S}_{year} = \sum_{i=1}^{n} S_i W_i \tag{12-1}$$

式中:S_{year}——某年的水污染防治评估绩效综合得分,如 S_{2018} 表示 2018 年天津市水污染防治评估绩效综合得分;

  n——指标个数,在本次评估中 n 取值为 30;

  i——指标体系中第 i 个指标;

  S_i——指标体系中第 i 个指标的指标得分值,如 S_1 表示指标体系中第一个指标"GDP 年增长率"的指标得分值;

  W_i——指标体系中第 i 个指标的指标权重,如 W_1 表示指标体系中第一个指标"GDP 年增长率"的指标权重。

由于指标性质的差异,下面将指标划分为 3 种类型,不同类型的指标采用不同的指标得分值计算方法。

1. 指标分级计算法

第 1 类指标进行指标值的分级并由线性插值法计算指标得分值,共有 20 个,分别为:GDP 年增长率、人口自然增长率、人均水资源量增长率、工业万元产值用水量、农田灌溉水有效利用系数、Ⅰ~Ⅲ类水质断面占比、城市用水普及率、大中型水库年末蓄水总量增长率、水环境功能区水质达标率、平均水资源利用率、单方水 GDP 产值、建成区绿化覆盖率、污水集中处理率、污水排放水质达标率、工业废水排放达标率、废水综合利用率、城市饮用水水源地水质达标率、环保部门向企业颁发排污许可证增长率、城市污水管网增长率、水利投资比例。指标值共分为 4 级,其中 1 级对应"优秀",2 级对应"良好",3 级对应"合格",4 级对应"不合格"。1 级分级标准的指标得分值为 100 分,评为"优秀";2 级分级标准的指标得分值为 80~100 分,计为"良好";3 级分级标准的指标得分值为 60~80 分,计为"合格";4 级分级标准的得分值不高于 60 分,计为"不合格"。

天津市水污染防治绩效评价指标体系的指标分级以国家有关法规、污染物排放标准及《天津市水污染防治条例》的贯彻实施与水质评价国家标准实务等为依据,参考已有的环境质量标准,如"城市环境综合整治定量考核"评比标准,同时广泛调研专家学者在此类调查研究中常用的指标分级标准,并结合各项指标的国家平均水平、天津市发展现状、社会经济发展规划要求、国际惯例以及发达国家可持续利用标准,计算出指标的上下临界值,确定最终各评价指标的分级标准。

在确定分级标准的基础上,第 1 类指标将数据进行"min-max"标准化处理后再计算得分值,计算公式如下:

$$Yi = \frac{X_{ib} - X_{\min}^{ib}}{X_{\max}^{ib} - X_{\min}^{ib}} \qquad (12\text{-}2)$$

$$S_i = Y_i \cdot P_{ib} + S_{\min}^{ib} \qquad (12\text{-}3)$$

式中：X^{ib}——指标层指标的原始数据值，i 表示指标体系中第 i 个指标，b 为指标层指标级别。

　　$X_{\max}^{ib}$ 和 $X_{\min}^{ib}$——为第 i 个指标 b 级的上限值和下限值；

　　Y_i——第 i 个指标的标准化系数，映射区间为 $[0,1]$；

　　P_{ib}——相应指标分级分数区间值；

　　$S_{\min}^{ib}$——第 i 个指标 b 级的下限得分值。

　　下面以指标体系中第 1 个指标"GDP 年增长率"指标得分值为例进行计算。2018 年天津市 GDP 同比增长 3.99%，已知 GDP 年增长率的分级标准为 $X_{\max}^{ib}=5$，$X_{\min}^{ib}=0$，该年该指标得分分级为 3 级，且 $P_{13}=80\text{-}60=20$，$S_{\min}^{13}=60$，将该指标的上下限值以及分数区间值代入公式可得：

$$Y_1 = \frac{3.99 - 0}{5 - 0} = 0.798$$

$$S_1 = 0.798 \times 20 + 60 = 75.96$$

　　故 2018 年"GDP 年增长率"这一指标得分值为 75.96。

　　2. 中位数标准化计算法

　　第 2 类指标采用中位数标准化法计算指标得分值，共有 6 个，分别为：全市总用水量、生活污水排放总量、工业废水排放总量、废水中化学需氧量（COD）排放量、废水中氨氮排放量、生态环境补水量。相较于第 1 类指标，此类指标具有的特点为可比性较差，即由于自然资源禀赋、人口数量、生产力发展水平等因素的差异，无法与全国及国际平均水平进行比较，只能通过天津市不同年份间数据的增长、降低情况反映水污染防治条例的执行情况。计算公式如下：

$$Y_i = S_0^{i_2} \cdot \left(1 \pm \frac{S_i - S_{i\text{中位数}}}{S_{i\text{中位数}}}\right) \qquad (12\text{-}4)$$

式中：$S_{i\text{中位数}}$——第 i 个指标 2016—2018 年 3 年数据的中位数。

　　令 $S_0^{i_2}=80$，即指标得分值以 80 分及指标值的中位数为基础进行计算，正向指标（数值越大表示状况越好）"$\pm$"处取"$+$"，负向指标（数值越小表示状况越好）"$\pm$"处取"$-$"。若计算所得 $Y_i>100$，则令 $Y_i=100$。

　　以指标体系中第 4 个指标"全市总用水量"指标得分值为例进行计算，2016、2018、2020 年天津市全市总用水量分别为 27.652 2、28.740 3、28.42 立方米，$S_{4\text{中位数}}=28.42$，故 2018 年此指标得分值为 80 分，其为负向指标，代入公式可得 2018 年此指标得分值：

$$Y_4 = 80 \cdot \left(1 - \frac{28.740\ 3 - 28.42}{28.42}\right) = 79.10$$

　　故 2018 年"全市总用水量"这一指标得分值为 79.10。

3. 模糊综合评价法

第 3 类指标有 4 个,分别为:公众对水环境健康及安全的满意度、水污染防治相关法规标准健全性、水污染防治管理体制完善率、区域水环境管理与生态补偿。此类指标特点为需要结合相关问卷及各年法律法规标准、管理体制及实施情况量化考核。采用模糊综合评价法进行综合打分,以 80 分为基准分数,确定各指标历年得分值。如"水污染防治相关法规标准健全性",查阅 2016 年至 2020 年具体相关文件,可得知近年来水污染防治相关法规标准处于逐步完善过程,健全性逐步提升,故此项指标 2016 年得分为 75.00,2018 年得分为80.00,2020 年得分为 88.00。

对于公众对水环境健康及安全的满意度指标数据,本研究组织了"天津市水环境公众满意度分析"问卷调查,调查从问卷设计、分发、回收到统计分析,历时近 1 个月,发放问卷358 份,收回 352 份,其中有效问卷共 344 份。问卷有效率达 96.1%,调查方式为实地调查与网络调查相结合的方式,调查群体涵盖各个年龄层,男女比例、职业群体分布均衡,所以抽取的样本具有一定的代表性,所得数据具有较高的信效度。公众对水环境健康及安全的满意度指标的得分值依据问卷统计分析结果确定。

按照上述方法对各指标得分值进行计算,得分情况如表 12.2 所示。

表 12.2　天津市水污染防治绩效评价指标分级情况及得分值

指标层	指标单位	指标分级情况及分级标准				历年各指标得分值		
		4 级 (<60 分)	3 级 (60~80 分)	2 级 (80~100 分)	1 级 (=100 分)	2020 年	2018 年	2016 年
GDP 年增长率	%	<0	0~5	5~10	≥ 10	65.60	75.96	84.84
人口自然增长率	‰	<0	0~0.5	0.5~1	≥ 1	100.00	100.00	100.00
人均水资源量增加率	%	<-40	-40~0	0~40	≥ 40	90.34	64.28	100.00
全市总用水量	亿立方米	中位数标准化计算法				80.00	79.10	82.16
工业万元产值用水量	立方米	>20	20~10	10~5	≤ 5	93.44	92.40	89.48
农田灌溉水有效利用系数	—	<0.64	0.64~0.68	0.68~0.72	≥ 0.72	94.00	80.00	—
生活污水排放总量	亿吨	中位数标准化计算法				—	83.17	80.00
工业废水排放总量	亿吨	中位数标准化计算法				100.00	80.00	78.97
废水中化学需氧量(COD)排放量	万吨	中位数标准化计算法				84.84	80.00	70.76
废水中氨氮排放量	万吨	中位数标准化计算法				86.76	80.00	72.11
Ⅰ~Ⅲ类水质断面占比	%	<15	15~25	25~40	≥ 40	100.00	93.33	70.00
城市用水普及率	%	<90	90~95	95~98	100	100.00	100.00	100.00
大中型水库年末蓄水总量增长率	%	<0	0~5	5~10	≥ 10	—	100.00	100.00
水环境功能区水质达标率	%	<10	10~20	20~40	≥ 40	90.80	79.60	—
平均水资源利用率	%	<90	90~95	95~100	≥ 100	100.00	100.00	100.00

指标层	指标单位	指标分级情况及分级标准				历年各指标得分值		
		4级（<60分）	3级（60~80分）	2级（80~100分）	1级（=100分）	2020年	2018年	2016年
单方水GDP产值	元/立方米	<500	500~600	600~800	≥800	89.25	84.54	84.51
建成区绿化覆盖率	%	<25	25~35	35~45	≥45	—	83.60	84.40
生态环境补水量	亿立方米	中位数标准化计算法				100.00	80.00	56.13
公众对水环境健康及安全的满意度	%	模糊综合评价法				85.00	80.00	75.00
污水集中处理率	%	<80	80~90	90~98	≥98	88.75	86.25	85.25
污水排放水质达标率	%	<80	80~90	90~98	≥98	84.00	—	90.00
工业废水排放达标率	%	—				85.20	74.20	100.00
废水综合利用率	%	<15	15~30	30~40	≥40	—	90.20	83.80
城市饮用水水源地水质达标率	%	<90	90~95	95~100	≥100	100.00	100.00	100.00
环保部门向企业颁发排污许可证增长率	%					97.48	100.00	60.00
城市污水管网增长率	%	<0.4	0.4~1.2	1.2~2	≥2	87.50	73.75	69.25
水污染防治相关法规标准健全性	分	模糊综合评价法				88.00	80.00	75.00
水污染防治管理体制完善率	分	模糊综合评价法				88.00	80.00	75.00
水利投资比例	%	<1	1~1.5	1.5~3	≥3	—	86.93	76.80
区域水环境管理与生态补偿	分	模糊综合评价法				88.00	80.00	75.00

12.3.3　各准则层、要素层指标得分率计算

由于目前30个指标所获得的数据资料尚不够完整，存在数据缺失的情况，为客观反映已得数据水平，此处引入得分率概念，要素层及准则层得分率计算公式分别为：

$$P_{要素r,\,year} = \frac{\sum S_i \cdot W_i}{\sum 100 \cdot W_i} \cdot 100\% \qquad (12\text{-}5)$$

$$P_{准则m,\,year} = \frac{\sum S_i \cdot W_i}{\sum 100 \cdot W_i} \cdot 100\% \qquad (12\text{-}6)$$

式中：$P_{要素\,r,year}$——某年某要素层得分率，r表示第r个要素层，由于共有经济、社会、水环境压力等10个要素，故r取值为$[1,10]$；

$P_{准则\,r,year}$——某年某准则层得分率，m表示第m个要素层，由于共有驱动力、压力等5个准则，故m取值为$[1,5]$；

S_i——有数据资料的指标得分值,无数据资料暂不计算。

如计算 2016 年用水压力要素层得分率,该要素层 3 个指标中全市总用水量、工业万元产值用水量数据完整,农田灌溉水有效利用系数数据缺失,则计算公式为:

$$P_{要素3,2016} = \frac{82.16 \times 0.025 + 89.48 \times 0.025}{100 \times 0.025 + 100 \times 0.025} \times 100\% = 85.82\%$$

如计算 2020 年驱动力准则层得分率,该准则层 3 个指标中 GDP 年增长率、人口自然增长率、人均水资源量增长率数据均完整,无缺失情况,则计算公式为:

$$P_{准则1,2020} = \frac{65.60 \times 0.018\,75 + 100 \times 0.018\,75 + 90.34 \times 0.018\,75}{100 \times 0.018\,75 + 100 \times 0.018\,75 + 100 \times 0.018\,75} \times 100\% = 85.31\%$$

基于上述公式,计算可得 2016、2018、2020 年天津市水污染防治效果评估各要素层及准则层得分情况,如表 12.3、表 12.4 所示。

表 12.3　天津市水污染防治效果评估各要素层得分情况

要素层	各要素层指标个数	各要素层权重	历年各要素层得分率 /%		
			2020 年	2018 年	2016 年
经济	1	0.018 75	65.60	75.96	84.84
社会	2	0.038 75	95.01	81.56	100.00
用水压力	3	0.075 00	89.15	83.83	85.82
水环境压力	4	0.100 00	90.53	80.79	75.46
综合指标	5	0.187 50	97.70	94.59	92.50
社会经济影响	1	0.045 00	89.25	84.54	84.51
生态环境影响	2	0.090 00	100.00	81.80	70.26
公众影响	1	0.045 00	85.00	80.00	75.00
环境响应	5	0.187 50	89.49	87.66	91.81
管理响应	6	0.212 50	89.73	83.34	71.93

表 12.4　天津市水污染防治效果评估各准则层得分情况

准则层	各准则层指标个数	各准则层权重	历年各准则层得分率 /%		
			2020 年	2018 年	2016 年
驱动力层	3	0.057 50	85.42	79.74	95.06
压力层	7	0.175 00	89.84	82.10	78.91
状态层	5	0.187 50	97.70	94.59	92.50
影响层	4	0.180 00	91.42	82.04	75.01
响应层	11	0.400 00	89.62	85.13	81.25

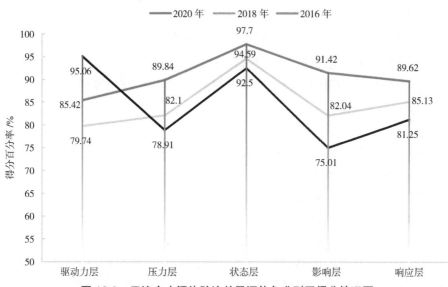

图 12.2　天津市水污染防治效果评估各准则层得分情况图

由图 12.2 可知,除驱动力层 2016 年得分最高之外,2020 年各准则层得分率均优于 2018 年,2018 年各准则层得分率均优于 2016 年,即随时间推移各准则层均基本呈现稳步向好的态势。2016 年驱动力层得分较高,这与 2016 年较高的 GDP 年增长率及人均水资源量增长率有较大关系。除此之外,2016、2018、2020 年各要素层指标得分值呈相似趋势,各准则层得分从高到低为状态层、响应层、压力层、影响层、驱动力层,能够反映出天津市近年水环境质量及综合指标保持着不错的水平及向好的态势;环境、管理方面均呈现不错的响应;状态层、响应层、影响层提升空间相对有限,增速相对缓慢;驱动力层、压力层仍有较大提升空间,增速较快。相较而言,2020 年各要素层指标之间得分值差异较小,即各要素层发展趋于均衡。

2016—2020 年,天津市水污染防治效果评估绩效得分情况如图 12.3 所示。

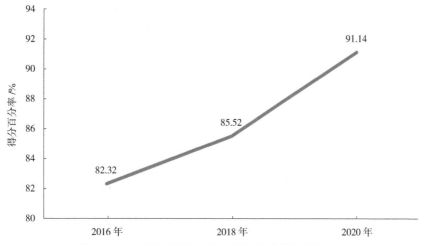

图 12.3　天津市水污染防治效果评估绩效得分情况图

由图 12.3 可知,天津市水污染防治效果评估绩效得分呈现持续升高的趋势,这与各准则层得分逐年升高有直接关系;2020 年得分情况相较前两年有很大提升,主要原因为各要素层指标全面提升;2016 年驱动力准则层得分优异,一定程度上缩小了与 2018 年整体得分情况的差距。2020 年,天津市水污染防治效果评估绩效得分实现了较为全面的提高。

12.3.4　结论

基于 DPSIR 框架模型构建的指标体系对天津市水污染防治效果进行定量评估,结果显示绩效得分由高到低分别为:2020 年、2018 年、2016 年。历年水污染防治效果均有成效,但2016 年、2018 年存在短板与不足,2020 年整体态势向好。

2016 年驱动力层得分最高,其中 GDP 年增长率、人均水资源量增长率较高,对得分起较大的贡献作用,其他准则层指标得分情况不够理想。

2018 年状态层指标得分最高,水环境质量情况最好,其他准则层得分情况处于中上游水平,各指标情况与 2016 年较为相似,但水资源量大幅减少,多个指标受到影响。

2020 年各准则层、指标层得分差异缩小,水污染防治多方面发展相对均衡,水污染防治效果已有明显提升。在现行经济增长放缓的趋势下,响应层指标得分逐年提高,且提升速度较快,反映了天津市水污染防治在环境响应与管理响应方面均取得不错成绩,处理率、完善率、达标率均有提升,体制机制建设更为健全,由此带动了Ⅰ~Ⅲ类水质断面占比、水环境功能区水质达标率等状态层指标得分值的升高。2020 年水资源总量年际间波动呈现增长态势,水污染防治存在一定的滞后效应,2018 年出台的各项规章、制度的成效得到体现。

然而,2016 年、2018 年、2020 年水污染防治效果绩效评价中均存在个别指标值得分过低而明显拉低总体得分的情况,水污染防治仍存在短板,有待进一步细化、执行、推进。

第十三章 水生态环境保护工作完善对策建议

前文对天津市水污染、水资源等环境问题的成因进行了分析,对"十三五"以来,特别是2018年碧水保卫战以来的治理成效进行了分析评估。为持续提升城市水生态环境质量,本书从饮用水水源保护、源头防控、污染治理、生态扩容、精细管控、制度保障等方面进一步提出完善的对策建议,为建设美丽天津做出贡献。

13.1 严格饮用水水源保护、建立保护长效机制

13.1.1 建立引滦上下游长效的补偿机制

引滦、引江水源是天津市城市饮用水的两大水源。强化对引滦上游的保护,深化区域饮用水水源地保护协作,完善引滦入津上下游横向生态补偿长效机制,是保障引滦提供优质饮水的重要前提条件。

大力推动引滦上游水源保护,推动潘家口水库划定和跨界河道治理,加强联防联控和流域共治,加快建立津冀河(湖)大黑汀水库保护区长联席制度,形成流域保护和治理长效机制。

在此方面,可以学习借鉴新安江流域生态补偿模式。该模式是在皖浙两省和财政部、生态环境部的支持和指导下,实施新安江流域生态补偿机制试点工作,开创了我国建立跨省流域上下游生态补偿机制的先河。该模式的实施分为3个阶段。

(1)实践阶段(2012—2014年)。2012年9月,原环境保护部、财政部与安徽省、浙江省正式签订《新安江流域水环境补偿协议》。按照协议要求,以皖浙两省跨界断面高锰酸盐指数、氨氮、总氮、总磷4项指标为考核依据,设置补偿基金每年5亿元(中央拨款3亿元、皖浙两省各出资1亿元)。年度水质达到考核标准,浙江省拨付给安徽省1亿元;年度水质达不到考核标准,安徽省拨付给浙江省1亿元。不论上述何种情况,中央财政3亿元全部拨付给安徽省。试点资金专项用于新安江流域产业结构调整和产业布局优化、流域综合治理、水环境保护和水污染治理、生态保护等方面。具体内容包括上游地区涵养水源、水环境综合整治、农业非点源污染治理、重点工业企业污染防治、农村污水垃圾治理、城镇污水处理设施建设、船舶污染治理、漂浮物清理等。

(2)深化阶段(2015—2017年)。2016年12月,安徽省、浙江省正式签订《关于新安江流域上下游横向生态补偿的协议》。按照协议要求,以高锰酸盐指数、氨氮、总磷和总氮4项指标,设置补偿基金每年7亿元(中央拨款3亿元、皖浙两省各出资2亿元)。测算补偿

指数 P,核算补偿资金,并实行分档补助。若 $0.95 < P \leqslant 1$,浙江省拨付 1 亿元补偿资金给安徽省;若 $P > 1$ 或新安江流域安徽省界内出现重大水污染事故,安徽省拨付 1 亿元补偿资金给浙江省;若 $P \leqslant 0.95$,浙江省拨付 1 亿元补偿资金给安徽省。不论上述何种情况,中央财政补偿资金全部拨付给安徽省。与第一轮试点的实施方案相比,第二轮方案体现了"双提高",即水质目标有所提升,补助资金有所增加。同时,与第一轮试点的实施方案相比,第二轮体现出"三个转变":从末端治理向源头保护转变,从项目推动向制度保护转变,从生态资源向生态资本转变。

(3)巩固阶段(2018—2020 年)。第三轮协议时间为 2018—2020 年,皖浙两省每年各出资 2 亿元共同设立新安江流域上下游横向生态补偿资金,延续流域跨省界断面水质考核。与前两轮试点的实施方案相比,此次新签协议有两大变化。首先是水质考核标准更高,水质稳定系数由试点期的 0.89 提高到 0.90,高锰酸盐指数、氨氮、总氮、总磷 4 项指标的权重系数,由试点期的均等权重调整为 0.22、0.22、0.28、0.28,提高了总氮和总磷的权重。其次是补偿资金使用范围有所拓展,补偿资金专项用于新安江流域环境综合治理、水污染防治、生态保护建设、产业结构调整、产业布局优化和生态补偿等方面的同时,首次鼓励和支持通过设立绿色基金、政府和社会资本合作(PPP)模式、融资贴息等方式,引导社会资本加大新安江流域综合治理和绿色产业投入。另外,特别强调加强农业面源氮、磷生态拦截工程。

试点工作实施以来,生态效益显著。新安江流域湿地保护率达 43.17%,高出全国 6 个百分点,全市森林覆盖率达 82.9%,是全国平均水平的 3.83 倍。流域总体水质为优并稳定向好,跨省界断面水质达到地表水环境质量 Ⅱ 类标准,每年向千岛湖输送 60 多亿立方米干净水,千岛湖水质实现同步改善。同时,试点工作写入党中央、国务院发布的《生态文明体制改革总体方案》《关于健全生态保护补偿机制的意见》《关于建立更加有效的区域协调发展新机制的意见》,"新安江模式"在全省和全国其他 6 个流域、10 个省份复制推广。

13.1.2　强化城市饮用水水源保护

加强饮用水水源地保护与修复,继续实施于桥水库综合治理工程。于桥水库是天津市最大的饮用水水源地。为保证于桥水源供水稳定,继续加大水库周边环境污染防治力度,从加强监测预警、加强生态修复、强化污染防治、严格考核 4 个方面强化管理和治理力度。

加强监测预警,组织对黎河、沙河、淋河三条入境河流、水库库区及周边沟道进行水质监测,关注上游来水水质变化,建立与上游地区的沟通机制,及时进行数据分析和报告预警。

加强于桥水库库区生态系统修复,开展黎河底泥清淤工作,开展截污沟治理二期工程,实施入库沟口湿地建议工程。继续采取水库菹草打捞、曝气增氧、投放水生植物和科学调度等措施,逐步改善库区生态。

强化污染防治,加强对保护区内农业面源的监管,建设截污沟工程,削减入库污染,推动解决于桥水库一级保护区内的违建问题。

严格考核,继续将于桥水库周边 30 条入库沟道纳入河(湖)长制管理,明确河长责任,每月对其进行监测考核。同时,针对水质不达标的沟道,责令进行整改,改善入库沟道水质。

此外,继续加强对于桥水库、王庆坨水库、北塘水库等的运行调度,防治水体富营养化,建立完善的饮用水水源预警监控系统。

13.1.3　加快完成农村提质增效工程

针对天津市农村地区地下水的原水水质部分指标超标问题,加快推进第二轮农村饮用水提质增效工程,彻底解决农村饮用水问题。以蓟州区、宝坻区、武清区、宁河区、静海区和北辰区 6 个区为重点,做好项目安排,分年度实施水厂建设、村以上输配水管网铺设、村内管网改造、水厂连通管线等工程,基本实现农村饮用水水源由地下水切换为城市供水水源。力争"十四五"期间,通过采取城镇供水管网延伸的方式,基本实现农村供水城市化、城乡供水一体化。此外,继续加强农村饮用水水源保护,深入推进农村地区饮用水水源保护区内环境问题整治。

13.1.4　强化重点水源保护区内环境问题整治

落实生态环境部和水利部《关于进一步开展饮用水水源地环境保护工作的通知》,实施好《天津市 2019—2020 年饮用水水源地环境保护专项行动方案》,强化重点水源地的检查和环境问题整治。整治工作涉及 6 个地级地表水型饮用水水源地:滨海新区北塘水库、武清区王庆坨水库、宝坻区尔王庄水库、蓟州区于桥水库、杨庄水库及南水北调中线天津段(西青区、武清区、北辰区);4 个地级地下水型饮用水水源地;武清区下伍旗镇、宁河区芦台镇和宁河北、蓟州区城关镇饮用水水源地;引滦明渠(北辰段、武清段、宝坻段保护区)。检查供水人口在 10 000 人或日供水量在 1 000 吨以上的饮用水水源地保护区内存在的各类问题。

重点检查饮用水水源保护区范围内是否存在排污口、违法建设项目、违法网箱养殖等环境违法问题。严厉打击可能影响水源地水质的各类违法行为,做到及时发现、立即制止、快速查处。建立问题清单并向社会公开,制定"一源一策"整改方案,明确具体措施、任务分工、时间节点、责任单位和责任人,限期清理整治到位。

13.2　优化产业结构、强化源头污染防控

强化水资源承载能力刚性约束,优化调整产业布局结构,严控高耗、水高排水产业发展。

13.2.1　强化对落后和高耗水行业淘汰

调整工业产业结构,动态更新、持续实施生态环境分区管控"三线一单",明确禁止和限制发展的涉水行业、生产工艺和产业目录。依法、依规推动落后产能按时退出。

推动生产方式绿色化,全面推进工业园区实施清洁化、循环化改造,加大绿色园区、绿色企业(工厂)创建。截至 2019 年底,天津市 10 个国家级园区已有 9 个实施了循环化改造,实施率为 90%;44 个市级园区已有 21 个实施了循环化改造,实施率为 48%。引导园区优化产业结构,继续推进工业集聚区水污染防治工作。

13.2.2　加强对用水大户管理

推进工业节水,推动高耗水工艺、技术和装备淘汰,修订工业产品取水定额标准,制定天津市分级产品取水定额标准《工业产品取水定额》(DB12/T 697—2016)。推动节约用水示范,天津市电力、钢铁、纺织、造纸、石油石化、化工、食品发酵等高耗水行业达到行业先进定额标准。率先在机关事业单位、商场、宾馆、酒店等行业选择试点,推行非居民用水超定额累进加价制度。

经过分析,天津市造纸和纸制品业,化学原料和化学制品制造业,石油、煤炭及其他燃料加工业等行业的用水量和单位产值水耗全市最高,详细见图13.1。建议中长期内对这些行业的重点企业实行用水大户管理,从而减少工业用水及废水排放量。

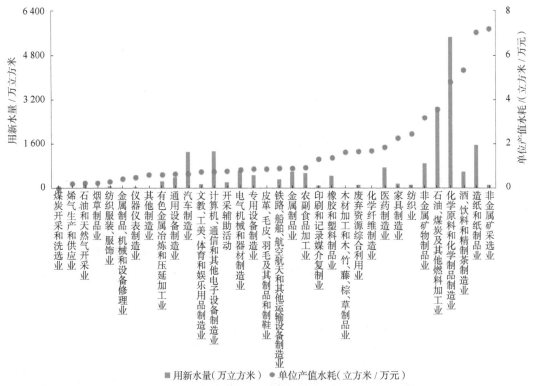

图 13.1　天津市不同行业企业用水量及产值水耗图(2018 年)

13.2.3　推进农业节水优先发展战略

继续推进高效节水灌溉工程建设,推广微喷滴灌等节水工作。在现有农业灌溉水利用率的基础上,大力发展节水农业,推进适水种植和量水生产。做好农田节水灌溉工程项目的技术指导工作,指导防渗渠道、地埋管道、微喷滴灌等工程设施的建设与改造技术。继续落实好各项财政支农政策,进一步加大对节水农业的支持力度,引导和支持各类经营主体应用高效节水灌溉技术。鼓励开展低耗水、低化肥的农作物种植,到"十四五"期间农田灌溉水有效利用系数达到 0.72 以上。

继续推进农业水价综合改革,推动农业用水方式转变,提高农业用水效率。推进农业节水优先发展,研究制定涉农区农业用水总量控制目标,严格控制地下水利用,加大地下水超采治理力度,促进天津市现代都市型农业健康可持续发展。

13.2.4　推行以种定养的持续发展模式

在强化畜禽养殖面源污染治理的基础上,继续全面实施畜禽养殖禁限养区制度,实行养殖区域和排污总量"双控"。推行以地定养,控制畜禽养殖总量。鼓励发展绿色生态产业,建立种养一体化模式。

基于土地消纳粪便能力的畜禽养殖承载力,制定单位土地畜禽养殖定额,严控区域畜禽养殖数量,减少畜禽养殖废水、粪便的产生量。"十三五"期间,天津市年均存栏生猪约210万头,存栏奶牛约11万头,存栏肉牛约15万头,存栏羊约48万只,存栏家禽约2 722万只。根据《畜禽粪污土地承载力测算技术指南》,按存栏量折算:100头猪相当于15头奶牛、30头肉牛、250只羊、2 500只家禽。目前,天津市畜禽养殖总量约500万头猪当量。天津市耕地面积4 002平方千米,按照兄弟省市(上海市等)"一亩地一头猪"的做法,计算天津市畜禽粪污土地承载力约为600万头生猪当量,而2020年全市畜禽养殖量已经接近承载力上限。因此,建议尽快通过"以地定养"政策,控制畜禽养殖规模,积极推行种养一体化循环利用模式,实现提高畜禽养殖效益和改善生态环境的良性循环。

13.2.5　实施化肥农药负增长行动

推进化肥农药施用负增长,稳步提高有机肥比例,推广高效、低毒、低残留农药和绿色防控技术。通过物联网智能化管理有效降低化肥、农药的使用量。

13.3　狠抓"三水"治理、提升污染防治水平

13.3.1　深入推进工业污染源治理

13.3.1.1　继续推进工业集聚区污水集中处理

根据天津市工业园区围城整治方案,2018年,全市有314个工业集聚区,取缔整合完毕后,剩余100余家工业集聚区,其中49个市级以上的工业集聚区已完成整治。深化工业集聚区水污染综合治理,强化保留和整合全部工业集聚区水污染治理在线监控和智能化监管设施,确保区内污水集中处理设施稳定运转,污水稳定达标排放。

持续加大对全市废水直排外环境的企业排查整治力度,全面实现达标排放,并符合受纳水体环境功能需求。

13.3.1.2　对重点行业持续实施清洁化改造

继续加强对天津市全市重点行业的清洁生产审核,减少排污量和排污强度。对天津市环境统计数据进行分析,以化学需氧量为例,化学原料和化学制品制造业化学需氧量排放量

最高,占全市工业排放量的23%,如图13.2所示。其他排放量较高的行业有:造纸和纸制品业,食品制造业,金属制品业,酒、饮料和精制茶制造业。从排放强度看,2018年纺织业,造纸和纸制品业三个行业分别是全市工业平均排放强度的8.63倍、6.09倍、5.23倍。

氨氮排放量高的行业分别为:化学原料和化学制品制造业(重点企业清单如表13.1所示),造纸和纸制品业,酒、饮料和精制茶制造业,食品制造业,金属制品业。在氨氮排放强度方面.皮革、毛皮、羽毛及其制品和制鞋业,纺织业,造纸和纸制品业3个行业分别是全市工业平均排放强度的16倍、11倍、10倍,如图13.3、表13.2所示。

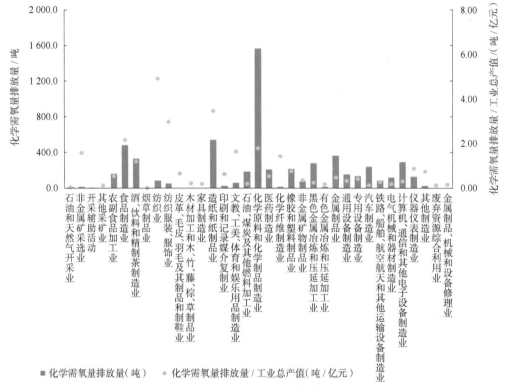

图 13.2 　 天津市主要行业化学需氧量排放量及排放强度图(2018年)

表 13.1 　 化学原料和化学制品制造业重点企业清单

所在区	单位名称	化学需氧量排放量 /(吨/年)	氨氮排放量 /(吨/年)
滨海新区	天津大沽化工股份有限公司	507.4	21.08
滨海新区	天津大沽化工股份有限公司临港分厂	398.1	37.79
滨海新区	中沙(天津)石化有限公司	133.5	4.01
东丽区	昂高(天津)有限公司	90.8	0.50
西青区	蓝月亮(天津)有限公司	59.2	2.26
滨海新区	天津渤化永利化工股份有限公司	51.1	0.46
西青区	天津宝洁工业有限公司	51.1	2.56

续表

所在区	单位名称	化学需氧量排放量/(吨/年)	氨氮排放量/(吨/年)
滨海新区	天津渤化石化有限公司	35.4	0.13
滨海新区	中国石化集团资产经营管理有限公司天津分公司聚醚部	26.4	0.16
西青区	空气化工产品(天津)有限公司	23.2	2.28
滨海新区	天津乐金渤海化学有限公司	21.0	0.37
滨海新区	天津乐金渤天化学有限责任公司	20.5	0.04
南开区	天津郁美净集团有限公司	19.5	1.32
滨海新区	天津乐金渤海化学有限公司(PVC工厂)	17.6	0.92
西青区	天津市康婷生物工程集团有限公司	16.0	1.40
滨海新区	卡博特化工(天津)有限公司	10.3	0.55
滨海新区	天津渤大硫酸工业有限公司	8.2	0.09
东丽区	美保林色彩工业(天津)有限公司	7.2	0.86
西青区	天津东洋油墨有限公司	6.3	0.03
滨海新区	天津新龙桥工程塑料有限公司	5.2	0.05

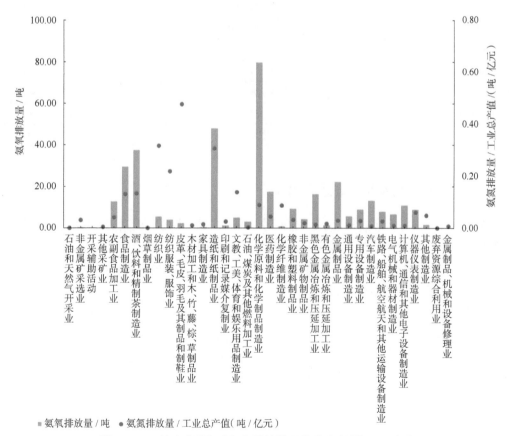

■ 氨氧排放量/吨　● 氨氮排放量/工业总产值(吨/亿元)

图 13.3 天津市主要行业氨氮排放量及排放强度图(2018年)

表 13.2　造纸业重点企业清单

所在区	单位名称	化学需氧量排放量/(吨/年)	氨氮排放量/(吨/年)
宁河区	玖龙纸业(天津)有限公司	360.00	16.00
津南区	天津广聚源纸业集团有限公司	89.82	16.90
西青区	天津中钞纸业有限公司	52.80	8.10
蓟州区	东赵乡福利造纸厂	13.48	1.35
静海区	天津市茂海津福纸制品有限公司	11.16	1.08
津南区	天津联合包装有限公司	1.88	0.09
滨海新区	博爱(中国)膨化芯材有限公司	1.82	0.03
武清区	合众创亚(天津)包装有限公司	1.36	0.33
武清区	天津世凯威包装有限公司	1.28	0.10
武清区	天津兴阳包装有限责任公司	1.20	0.82
宝坻区	天津元华友汇包装有限公司	0.96	0.05
武清区	天津碧宇舟机械制造有限公司	0.81	0.02
津南区	天津市渤泰包装制品有限公司	0.63	0.19
宝坻区	天津市茂海纸业印刷有限公司	0.62	0.04
武清区	天津华美特纸制品有限责任公司	0.47	0.06
滨海新区	赛闻(天津)工业有限公司	0.29	0.00
武清区	天津市祁新纸制品股份有限公司	0.24	0.01
滨海新区	天津市华明永盛包装制品有限公司	0.24	0.01
滨海新区	天津大宇包装制品有限公司	0.23	0.01
武清区	天津市明飞包装有限公司	0.22	0.15

13.3.2　提升城乡污水收集处理水平

深入推进城镇污水全收集、全处理,雨污管网全分流,雨污混接改造完毕,有效控制城市初期雨水。继续加大污水处理设施建设,落实《天津市排水专项规划(2010—2035 年)》,尽早实现污水处理厂处理规模达到 700 万吨/日以上,城市污水处理率达到 99%。

13.3.2.1　推进污水零直排区建设

城镇污染源问题大部分是雨污合流、雨污混流、雨污串接等因素所致。"污水零直排区"建设抓截污治本,就是对生产生活污水实行截污纳管、统一收集、达标排放,形象地讲就是"晴天不排水,雨天无污水"。开展以工业园区和生活小区为主的"污水零直排区"建设,并建设小餐饮、洗浴、洗车、洗衣、农贸市场等其他可能产生污水行业的"污水零直排区",从而确保污水"应截尽截、应处尽处"。以此加快推动治水从治标向治本、从末端治理向源头治理转变。

例如,浙江省"十三五"期间已启动"污水零直排区"建设工作,2018 年启动建设生活小区"污水零直排区"200个;2020年,30%以上的县(市、区)达到"污水零直排区"建设标准;2022年,80%以上的县(市、区)成为"污水零直排区"。

13.3.2.2　强化排水污染源治理和管网改造

加大沿河污染源治理和排水许可办理力度。特别是沿街道的商贩、餐馆、洗车店等全部实行办理排水许可证制度。建立管网专业化维护机制,加强对管网运行情况的监测。强化对排水管网的养护,定期做好管网的清掏工作。对污水处理厂、排水管道污泥及河道清淤污泥全部妥善处置。继续加大污泥处理、处置设施建设,妥善解决污泥问题。同时,推进初期雨水治理,加大初期雨水调蓄池建设。有条件的建成区全面达到海绵城市要求,将降雨就地消纳和利用。"十三五"期间天津市全市建成区20%面积达到海绵城市要求,2030年全市建成区80%面积达到要求。

13.3.2.3　不断健全城镇污水处理设施

修订实施《天津市排水专项规划(2020—2035年)》,全面消除管网空白区,因地制宜改造合流制地区,实现污水应收尽收。实施张贵庄二期、咸阳路二期、津沽三期等一批扩容改造工程。

13.3.2.4　逐步推进污水处理厂清洁排放

污水处理厂清洁排放行动具有引领性。在现有地方排放标准的基础上继续提标,实施开展污水处理厂提升改造,城镇污水处理排水达到受纳水功能区标准,实现万吨以上规模污水处理厂排水主要指标达到地表水环境质量Ⅲ类水体标准(浙江义乌地区污水处理厂已经执行该标准)。进一步发挥环境标准的引领作用,以此来推动治水行动、打好污染防治攻坚战。同时,持续加大配套管网建设力度,加快推进污水再生利用。

13.3.2.5　建立农村污水处理设施运维机制

因地制宜开展农村污水治理设施建设,实现现状保留村污水处理设施全覆盖。全面推动农村地区生活污水处理设施运行,在农村生活污水治理行政村基本全覆盖的基础上,推进处理设施标准化运维。按照天津市《农村生活污水处理设施水污染物排放标准》(2019年),对已建成设施进行提升改造,对不运行、不稳定运行、不能达标排放的污水处理设施分类诊断,制定并实施改造方案,确保实现达标排放。

13.3.3　深入推进农业粪污资源化利用

13.3.3.1　实施畜禽养殖专业户粪污治理

强化规模化养殖场粪污处理设施运维管理,规模化养殖小区、散养密集区粪污全部实现资源化利用,不断提高畜禽粪污综合利用率。实行散养密集区畜禽粪污水分户收集、集中处理。

强化粪污治理设施的运维管理。加强对畜禽养殖粪污的"以监促治",尤其是对已实现生态化粪污处理的设施进行重点监管,确保其粪污治理设施能正常运行,推动畜禽标准化生态养殖。以PPP模式进行专业化运维管理,确保设施长效运行。积极研究和利用PPP模式,落实政府和企业的责任,解决政府财力单薄和养殖户技术匮乏问题。采取行政主导下的半市场化运作,政府出台优惠政策,由企业对养殖户粪污进行运维管理,政府实施监督。

13.3.3.2 推行生态水产养殖

优化水产养殖布局。严格控制水产养殖规模,清退重要河流两侧 300 米范围内的水产养殖产业。2018 年,天津市全市水产养殖面积约 320 平方千米,有工厂化养殖企业 120 多家,已对其中 12 家开展健康养殖示范场创建和复查验收工作。全市全面推广生态养殖,减少药剂饵料投入。

加强水产养殖污染治理,在"十三五"期间已治理和清退的约 66.7 平方千米水产养殖的基础上,严格规范主要河道堤岸两侧的水产养殖,配套建设尾水处理设施,确保尾水达标排放。积极实现 320.16 平方千米水产养殖尾水循环利用或达标排放,坚决禁止大引大排的水产养殖模式。

13.3.3.3 积极开展农田沥水治理

农业与农村面源污染的核心就是农田退水污染。常规的农田沥水治理技术目前有以下几类。第一类是农田源头水肥优化利用技术,又叫农田清洁生产技术,具体来说就是节水省肥技术、水肥一体化技术等。第二类是循环利用技术,如西北地区的雨水收集及再利用技术、坡地径流收集与再利用技术、稻田排水的梯级利用技术、农业退水收集及他用技术、深浅沟技术等。第三类技术是净化技术,包括生态沟渠、湿地净化等。针对天津市的实际情况,建议积极推行节水省肥技术、水肥一体化技术等,扩大生态沟渠、湿地净化等措施的建设规模。

13.4 强化生态水源供给、扩大河湖环境容量

13.4.1 多渠道增加水源、保障生态用水

13.4.1.1 实行最严格水资源管理制度

加强与国家相关部门沟通,保障天津市外调水量。继续争取南水北调的天津市供水的配额指标,在现有引滦和南水北调中线多年平均可供水量达 16.7 亿立方米的基础上,积极争取南水北调东线水源,力争早日通水,且年供水量能够达到 9 亿立方米。同时,协调水利部、上游地区增加对天津市的下泄生态流量,特别是南部地区大清河、子牙河等的入境水量。

严格控制天津市用水总量,到 2025 年,用水总量争取控制在 38 亿立方米以内。到 2035 年,用水总量争取控制在 42.2 亿立方米以内。除应急情况外,全市深层地下水实现"零"开采,到 2022 年,全市深层地下水基本实现"零"开采。

13.4.1.2 提高再生水、海水淡化非常规水源利用比例

1. 加大再生水利用

再生水作为一种水量稳定、水质可靠的水源,主要用于工业循环冷却、城镇居民杂用、大田作物的灌溉用水及河道生态用水补给。再生水的利用可有效缓解天津市水资源紧缺

的形势。

加大污水处理回用设施建设。依照天津市人民政府发布的《关于进一步加强天津市城市基础设施配套建设管理的通知》,再生水厂建设主要以再生水供水企业自筹资金和银行贷款为主,同时积极争取财政资金支持。城市再生水管网包括公共供水管网和工业用户专供管网。公共供水管网建设资金由城市基础设施配套费解决;工业用户专供管网及厂区内管网和居民小区内管网由企业和开发商负责投资建设。对于点对点供水的工业用户,再生水管网建设由再生水厂、工业用户和配套办三者协商解决。

持续加强水资源管理,不断提高工业、城市杂用再生水利用水平。通过水资源论证等手段加强对再生水的统筹配置,健全再生水使用的体制机制。严格落实《天津市再生水利用规划(2018—2030年)》,2020年,天津市高品质再生水利用量达到1.66亿立方米,占再生水利用量的29.6%;到2030年,全市再生水利用率达到62%。

2. 加快海水淡化的市场化进程

海水淡化是世界上极度缺水地区解决水资源短缺问题的重要途径,沙特阿拉伯、科威特、以色列等都有非常先进的海水淡化技术。我国沿海城市的海水淡化技术也有较快的发展,实施海水淡化的地区主要分布在沿海地区,包括辽宁、天津、河北、山东、江苏、浙江、福建、广东、海南9个省(市),北方主要集中在天津、山东、河北等地的电力、钢铁等高耗水行业。2017年,全国海水淡化总规模已经达到119万吨/日,天津市总量占全国的41%,处于领先地位,但其仍存在成本、技术、政策等发展瓶颈,关于水价标准及政策补贴等也尚无相关政策出台。

建议评估天津市全市总体海水淡化的发展空间,合理调查未来海水淡化的可行性,找出未来海水淡化与"引江、引黄"的价格吻合点,提前制定合理的发展规划。制定适当的鼓励促进政策,培育海水淡化的生产能力和市场。合理划定淡化海水的使用途径,在目前的状态下,建议海水淡化还是采取点对点的供水方式,重点满足大型工业项目、重要的生态补水区域、重要湿地的用水等。"十三五"期间,天津市海水淡化能力为50万吨/日,目前宁河区的玖龙纸业有限公司淡化海水的使用量仅11万吨/日,剩余39万吨/日,还有进一步的利用空间。

13.4.1.3　科学配置增加生态水量

制定生态流量技术文件。按照国家《河湖生态环境需水量计算规范》(SL/Z 712—2014)等文件的要求,结合天津市实际情况,制定天津市主要河流最小生态流量。

科学配置、优化调度引滦、引江水源,充分利用再生水、雨洪水,增加生态补水量,让碧水长流。在这一方面,北京市2018年环境用水量为13.4亿,占用水总量的34%,而天津市仅为20%左右。建议积极向水利部申请增加引滦、引江生态补水指标,力争定期向天津市实施生态补水。推动水利部加快南水北调东线二期工程前期工作,尽快为天津市增加新的生态水源。进一步提高河湖再生水的利用量,改善河道水质。力争"十四五"期间主要河道保障最小生态流量,2035年使生态流量得到有效保障。

13.4.2　强化水生态保护修复、建设美丽河湖

13.4.2.1　强化水系连通循环

加强水系连通循环,形成以天津市一、二级河道为纽带的水系连通流动体系。加快实施水系连通规划,打造南北相连、东西共济的连通体系,建设北水南调、南部四河水系连通等工程。环外十区加快建设各区水系连通循环体系,加强动态水循环调度。以此为依托,可实现:州河、蓟运河、潮白新河、永定新河和南部四条河主要依靠引滦补充生态用水;海河依靠引滦、引江双重保障生态用水;独流减河用引滦及津沽等污水处理厂再生水保障生态用水。

13.4.2.2　建设河湖植被缓冲带

在改善河湖水环境质量的同时,稳定和改善水质将是一项长期而艰苦的工作,且仍存在反弹隐患。相关研究显示,建设缓冲带在改善入库河流水质、美化景观等方面具有非常重要的作用。生态缓冲带是一项环境治理措施,指在河道与陆地交界的一定区域内建设乔灌草相结合的立体植物带,如图 13.4 所示。缓冲带具有以下显著功能:①利用缓冲带植物的吸附和分解作用,阻止农业区的氮磷等营养物质进入河道,形成控制面源污染的最后一道防线,达到保护和改善水质的目的;②缓冲带在溪流沿岸构成自然风景线,美化河流生态景观,改善人居环境;③为鸟类等野生动物提供栖息场所;④促进生态农业、观光农业、休闲农业的协调发展,增加群众收入,实现经济效益和生态效益双赢。

例如,2018 年,浙江省浦阳江上仙屋出境断面氨氮年均值为 0.53 毫克 / 升、总磷年均值为 0.15 毫克 / 升,与 2017 年相比恶化程度分别为 47% 和 15%,为此该县创新实施了河湖生态缓冲带试点建设工程,有效减少了入河入库污染物,提升了水环境质量。

图 13.4　不同类型的植被缓冲带(组图)

天津市主要河湖植被缓冲带建设建议。植被缓冲带的类型、宽窄与所在河流大小、地形地貌等因素有很大关系。据调查,坡度较小的一级河流植被缓冲带需要 20~30 米。对天津市国考断面所在河流两侧 30 米范围内土地利用现状进行调查,结果表明,现有 15 条国考河流两侧 30 米范围内植被环境总体较好,草地、耕地、林地、园地的覆盖率达 80% 以上,然而仍有 16% 的区域为建筑物、裸露地表等用地类型,如表 13.3 所示。因此,有必要做进一步调查,分期完成国考断面所在河流沿线的植被缓冲带建设。

表 13.3　天津市国考断面所在河流两侧 30 米范围内土地利用情况（2019 年）

用地分类	草地	耕地	林地	园地	建筑物	裸露地表	人工堆掘地	水域
面积比例	26%	16%	35%	3%	12%	1%	3%	3%

13.4.2.3　开展河道生态保护与修复

严格落实河湖蓝线规定，巩固"清四乱"成果，保障河湖应有的自然生态空间。对重点河道开展清淤、生态护坡等生态修复工程，增加河道的排水能力。

开展流域水生态健康评估。参考国家《湖泊生态安全调查与评估技术指南（试行）》等文件，研究开展陆域、岸边带、水域生态健康指标评估，实现对不同水系的水生态健康的评估。

加大水生生物的保护与恢复，持续开展增殖放流，实现关键物种或指示物种多样性指标不降低。如山东省近年来在治理南四湖方面，大力实施湖滨带、河滩地生态修复，已恢复水生高等植物 68 种，物种恢复率达 92%；恢复鱼类 52 种，物种恢复率达 67%，生态环境明显改善。

13.4.2.4　加大湿地修复和管理水平

继续推动天津市湿地自然保护区"1+4"规划实施。开展建立以国家公园为主体的自然保护地体系试点工作，遵从"保护面积不减少、保护强度不降低、保护性质不改变"的总体要求，对天津市各类自然保护地进行优化整合，将生态功能重要、生态环境敏感脆弱的以及其他有必要严格保护的区域纳入自然保护地范围，做到应保尽保。同时建立补水机制，继续利用引滦水源和雨洪资源定期对大黄堡湿地、七里海湿地、团泊洼湿地、北大港水库进行补水。

因地制宜地加强人工湿地建设，加强生态湿地建设。在具备条件的河流、河道、滩地及其汇入支流建设生态湿地，在农田退水区域建设生态截留沟及湿地，在水产养殖坑塘周边及水产退养区建设生态湿地。如山东省近年来在治理南四湖的工作中，大力实施湖滨带、河滩地生态修复工程，调水沿线已建成人工湿地面积 9.7 平方千米，修复自然湿地面积 10.9 平方千米。

13.5　实施分区分类管控、提升精细化监管能力

13.5.1　实施流域控制单元管理

实施以街镇为单元的综合流域单元管控。探索推行基于控制单元的差别化水系、水环境管理政策。对于桥水库、南水北调沿线等水质良好水体优先实施生态保护，辅助开展水污染防治工程；对达不到水功能区目标的水体，采取污染治理与生态修复相结合的工程措施。建议根据"十三五"天津市国考、市考断面开展小流域的控制单元管理，细化污染源的管控，如图 13.5 所示。

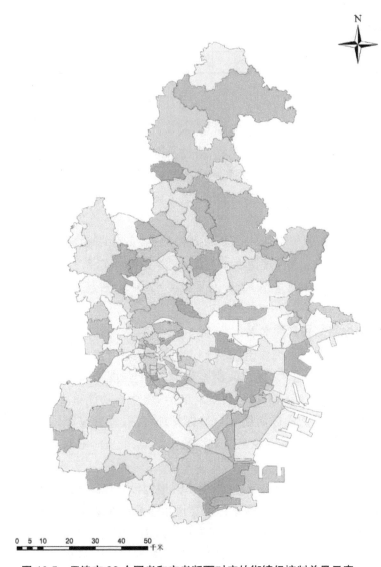

图 13.5　天津市 92 个国考和市考断面对应的街镇级控制单元示意

13.5.2　健全河湖水文水质监测网络

完善水文监测网络。对天津市主要出入境河流、规模以上跨行政区界河流,以及华北地下水超采区综合治理所涉重要河湖(湿地)布设完善的水文监测设施,建设大沽排水河等 5 条入海二级河道的水文监测设施。

优化"十四五""十五五"国控、市控地表水环境监测网络调整方案,提高监测工作的科学性、代表性、延续性、全面性。强化自动监测监管能力建设,全面实施国考、市考及水功能区水质监测,具备条件的地区一律实行在线监测。对重点河湖逐步开展生态流量、水生生物指标等生态指标监测。

13.5.3 强化入河排污口门管控

逐步建立重点入河排污口水质、水量监测机制,对规模以上的入河排污口(排水量大于300吨/日)开展污染物通量监测。

加强入河排污口的分级分类管控。进行入河排污口的分级分类管控试点研究,选取典型河流,依河道水质、用途确定管控方式,划定"禁止排污区""严格限制区""一般限制区"。

13.5.4 强化重点源在线监控、推行刷卡排污

推动市、区两级重点水污染源全部安装在线监测和监控设备。"十三五"期间,天津市全市水污染重点源不足200家,建议加大对排污大户的监管,如将市、区两级重点水污染源全部安装在线监测和监控设备,并与生态环境管理部门联网,实现对重点水污染源的实时在线监测和监控。

推行重点企业刷卡排污体系。刷卡排污系统依托现有的污染源自动监控系统建设,以排污许可证为基础,量化总量控制指标,运用IC卡射频技术,推行"一企一证一卡"新模式,对排污企业进行刷卡排污控制。系统可有效监督各类型企业污染源实时排放情况、设施运行状态,通过刷卡排污、阀门控制等技术手段及时、准确地掌握企业实际污染物的排放数量,健全环保部门执法监督的信息化手段。如2008年浙江省桐乡市在国内率先开展了刷卡排污的试点工作,此后浙江省、江苏省、河北省等地也开始推进刷卡排污,并且通过刷卡排污系统,以污染物排放的总量卡为基础,实现了对污染物排放量的随用随扣,从根本上保证了对排放总量目标的有效控制。

刷卡排污系统的使用流程如下。

(1)环保部门核定企业年排污总量,根据企业需求按月分配,企业负责人每月初持IC卡在动态管控总量仪上刷卡,录入当月核定指标,按所购指标开展生产运营,实时监控企业运行动态及各污染物排放浓度和总量,通过网络将相关信息实时传输到动态管控总量仪和环保部门管理平台。

(2)当企业排放污染物达总量指标不同程度时,分别以短信、声光告警、语音告警等不同方式发送告警,实施反控、远程关闭阀门(仅限于废水)等,实现监控中心对排污企业排污量的实时监控和总量减排分析,并向管理平台发送告警与环境监察执法需求,由环境监察部门到现场进行查处。与此同时,监测企业废气及废水污染治理设施运行工况,要求企业深度启动污染物治理设施,提高治理效率,降低污染物排放浓度,达到污染物排放总量控制要求。

13.5.5 搭建水环境保护综合管理信息系统

水环境保护综合管理信息系统通过集成数据存储与传输、信息管理与评价、决策支持、信息发布与查询等技术手段,整合区域环境质量、资源利用、污染源等环境基础数据和信息资源,为各级环境主管部门和相关行政部门进行环境监管和综合决策提供数据支撑。

(1)水环境信息系统的功能。与一般的信息系统一样,水环境保护综合管理信息系统

应具备信息集成、信息分析、信息查询以及信息发布的功能。信息集成，即信息数据的录入、储存和更新功能；信息分析，即对录入数据进行整理和分析的功能；信息查询，即用户根据不同需求查询该用户权限下的数据信息的功能；信息发布，即用户查询信息的表达功能。

（2）水环境信息系统的内容。根据系统的目标，水环境保护综合管理信息系统所涉及的数据主要包括空间信息数据、生态环境信息数据、资源能源信息数据和环境管理信息数据。

目前，天津市水环境信息化建设已经取得了很大的成效，并在环境管理工作中发挥了重要作用，但在未来的工作中，还应在水环境信息化建设总体框架和标准化研究、探索建立水环境信息系统功能需求分析方法等方面重点开展工作，为开发基于地理信息系统的水环境保护综合管理信息系统奠定基础。

13.6　运用综合手段、完善制度保障

13.6.1　定期修正完善地方法规标准

继续修正完善《天津市水污染防治条例》。结合2018年国家结构改革和天津市相关部门职能调整，及时修正《天津市水污染防治条例》，如关于入河排污口管理职能、农村污水处理设施运维等的职责规定。

健全标准体系。制定实施水产养殖尾水排放标准、独流减河流域污染物排放标准，制定流域排放标准和重点行业水污染排放标准，修订天津市的《城镇污水处理厂污染物排放标准》和《污水综合排放标准》等。

13.6.2　完善更加严格的水环境管控制度

全面推行"三线一单"生态环境分区管控制度，强化源头管控；推行"多规合一"的国土空间规划，实现产业、项目合理布局。继续实行主要污染物总量控制制度，新、改、扩建项目实行主要污染物排放倍量替代。落实重要水功能区纳污能力限制制度，探索并建立主要河流水质水量双考核制度，逐步实现总量控制和水环境容量联动管控。优化调整水功能区划，健全排污口设置管理规范。同时，积极推进排污许可制度，强化排污许可证发放后的监管，严格落实企业环保主体责任。

13.6.3　扎实落实河（湖）长制度

强化基层河（湖）长的履职尽责能力，典型突出的问题是缺乏长效机制。比如，农村生活垃圾收运处理体系覆盖不全，在河道及坑塘周边倾倒垃圾的情况时有发生。2019年，天津市人大开展的"一法一条例"执法检查也发现，由于污水、垃圾尚未得到有效治理，农村地区支、次沟渠黑臭数量众多，初步排查约有500处。

强化市级部门横向衔接协作，增强工作合力。特别是要下更大功夫统筹推动农村水环

境问题。天津市全市约 6 000 名河(湖)长绝大多数都在涉农区,任务重,问题多,要加大农业农村水污染防治工作,加快研究解决农村污水、垃圾处理设施规划、建设、运行工作,加强顶层设计,加大政策扶持,建立健全长效机制,补齐农村污水处理、垃圾处理短板。

13.6.4　建立京津冀水生态保护联动机制

1. 加强上下游联动治污

积极协调上游区域,研究制定京津冀区域水污染防治立法,推动建立京津冀跨界河流省级河长联席会议制度。充分发挥流域生态环境监督管理机构作用,加强区域水污染防治联动协作,推动流域统一监测、信息共享,提高流域水生态环境保护能力。

严格落实京津冀区域水污染联防联控各项要求,落实《京津冀水污染突发事件联防联控机制合作协议》,强化水污染突发事件联防联控,定期组织开展跨区域流域隐患排查、联合演练、联合执法等,不断提升跨界水污染应对能力。继续完善京津冀重点流域突发水环境污染事件应急预案。

2. 完善京津冀跨界河(湖)长制管理协调联动机制

完善京津冀三地跨界河(湖)长制管理协调联动机制,制定《京津冀三地跨界河(湖)长制管理协调联动机制》,定期召开京津冀三省市河(湖)长办联席会议,完善协调联动机制。